INVENTAIRE
Z 18296

AF474244

LE

CORRESPONDANT TRIESTIN,

OU

LETTRES INSTRUCTIVES
imprimées séparément en français,
en italien, et en allemand
UTILES AUX JEUNES GENS
qui
s'adonnent au commerce

PAR

UN NÉGOCIANT.

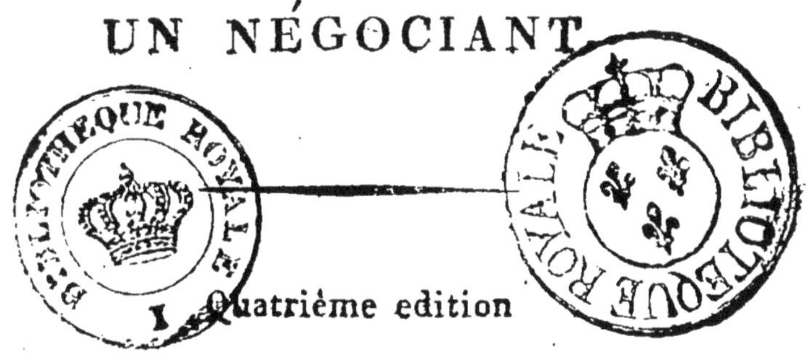

Quatrième edition

Amsterdam et à Trieste,
en Commission chez F. C. Loeflund à Stuttgart
1803.

PRÉFACE.

Parmi les nombreux et différents recueils de lettres qu'on imprime chaque jour, il ne s'en trouve pas un seul qui traite de ce qui a rapport au commerce avec cette méthode et ce certain choix de phrases que demande un pareil sujet. Loin d'atteindre ce but, l'édition qui a paru à Augsbourg sous le titre de „Lettre à l'usage des négociants," semble présenter plutôt une compilation faite dans la vue d'enseigner la langue française et l'italienne. Dans celles d'Antonio Donadoni, écrites en français, en italien et en allemand, l'on ne voit ni connaissance des trois langues, ni justesse d'expressions, ni style correct. Il leur manque en outre ce qui est le plus nécessaire, je veux dire l'agréable et l'instructif. Enfin un anonyme nous a donné en français les lettres de Jean Charles May. L'original n'en est pas moderne. Il ne laisse pas cependant que de mériter d'être lû pour la pureté de la diction allemande. La traduction au contraire est très-peu estimée, parce qu'elle est trop plate et trop servile, et que de plus elle n'a rien de la syntaxe qui doit régner dans des lettres françaises.

Après tout, le défaut de tout ces auteurs est de remplir le volume de sentences inutiles, de pensées fausses, de paroles mendiées et bien souvent fort mal traduites.

Dans ce Correspondant Triestin (imprimé séparément en français, en italien et en allemand) l'on a eu soin pour éviter de tels écarts, de n'employer que des termes de commerce, tous adaptés au sujet, et l'on a tâché autant qu'il a été possible de conserver le style généralement reçu chez les négociants de tout pays. A ce double avantage il réunit encore celui d'être écrit dans le meilleur français, italien et allemand; et si en général le sens ne répond pas littéralement aux trois diverses langues, on ne peut dire à la rigueur qu'il soit rendu d'une manière à n'offrir qu'une traduction servile. Tel est son prix, tel est son ornement.

On donne ces lettres instructives dans les trois langues, pour l'intelligence de tout le monde, et spécialement des jeunes-gens qui veulent s'adonner au commerce. Il y a lieu d'espérer que par la simple lecture de ce petit ouvrage, ces derniers pourront en peu de tems se mettre au fait d'une correspondance mercantille, et devenir aptes à occuper les places les plus lucratives dans les premières maisons de commerce.

Plusieurs auteurs, en voulant enseigner quelque science ou quelqu'art, se sont attachés (et peut-être ont-ils eu en cela des approbateurs) à faire précéder leurs ouvrages d'une chaos de préceptes et de règles qui ne sont qu'un vain embarras pour les personnes de bon goût, et les plus souvent des entraves pour des esprits médiocres. Que faut-il, en effet, prescrire à des jeunes commençants, pour les former à cette vraie méthode d'écrire, en usage chez tous les commerçants? Rien autre, à mon avis, que de parler dans leurs lettres de la même manière qu'un négociant habile a coutume de s'exprimer lorsqu'il traite de vive voix ses propres affaires. Il oublie alors ces tours de phrases, ces saillies et tous ces compliments affectés fruits de l'adulation, pour se souvenir que le commerce rejette tout ce qui exclud le simple et le naturel.

Ce n'est pas a dire pour cela que le style mercantil soit tout-à-fait dépourvu de graces et de beautés, puisqu'il il admet toutes celles qui assaisonnent la conversation. Et quand les lettres sont écrites sur le ton de celle-ci, rien ne doit empêcher qu'elles en empruntent les agréments. Tout le monde est d'accord que la simplicité est un des caractéres ineffaçables du beau et du parfait. Par exemple (qu'on me pardonne cette petite digression) ce paysan du Danube, dont la Fontaine nous a conservé le discours grossier dans l'apologue qui porte son nom, ne parle-t-il pas assez bien pour parler avec simplicité? Ne s'exprime-t-il pas mieux, quoique simplement, que ce fermier Champenois qui voulait résilier son contract au bout de deux ans, parce qu'après la mort du maréchal de Turenne on ne pouvait plus faire les récoltes avec sûreté? Ce sont là, dit Madame de Sévigné, de ces traits simples et naturels, modéles du discours familier et aisé, auxquels doit se conformer quiconque veut se tracer à soi une marche particulière et inimitable. L'homme rustre avec sa simplicité, le paysan avec sa franchise ordinaire nous plairont toujours plus que le froid pédant avec ses phrases étudiées. Je dis même que l'un nous ennuyera par son exactitude trop recherchée, pendant que les autres nous charmeront en nous montrant, sans le vouloir, toutes les graces du style naturel et coulant.

A une observation à la fois si simple et si facile, il ne faut ajouter que le choix de quelques modèles excellents sur lesquels on doive s'exercer : car il est incontestable, et l'on n'a jamais cessé de le répeter, que quelques fragments des lettres de Ciceron pourquoi recourrir à des paroles inutiles quand les lettres suivantes doivent elles mêmes servir de preuves? D'ailleurs, de nouvelles réflexions pourraient paraître d'autant plus déplacées, que celles que nous avons faites sont peut-être déjà trop longues; et nous ne devons pas oublier que l'écrivain qui ennuye son lecteure a toujours tort, tandis qu'il se rend digne d'éloge s'il réussit à lui plaire.

LE CORRESPONDANT TRIESTIN.

LETTRES CIRCULAIRES.

Num. 1.

Une personne expérimentée établit une nouvelle Maison de Commerce dans une Ville maritime, et donne avis des affaires qu'elle va entreprendre.

Des soins assidus et un travail constant de plusieurs années, m'ont donné dans le Commerce des connaissances qui jointes à une experience acquise dans diverses maisons considérables de plusieurs places distinguées, m'ont mis en état de former aujourd'hui sous mon nom un établissement dans cette Ville.

Non seulement je crois devoir vous en instruire, mais je dois vous apprendre encore sur quels objets rouleront mes affaires. Elles consisteront en achats et ventes de marchandises, en expéditions et commissions. J'ai prouvé à qui de droit, que je suis nanti des fonds nécessaires pour soutenir de pareilles entreprises.

Je vous prie, en conséquence, de prendre note de ma signature pour n'ajouter foi qu'à elle. Honorez-moi de votre confiance et de votre amitié, dans la pleine persuasion que je ne négligerai jamais rien pour les interêts de mes amis.

Num. 2.

Réponse.

Je désire toute sorte de prospérités au nouveau Commerce que, par votre chère lettre du premier Courant, vous me marquez avoir entrepris.

Ainsi que vous me le recommandez, j'ai pris note de votre signature pour lier correspondance avec vous, et pouvoir profiter à l'occasion de vos offres obligeantes.

Si je puis vous être de quelques utilité dans cette Ville pour achats ou ventes de marchandises, vous n'avez qu'à m'employer librement. Comptez sur toute mon exactitude à remplir vos ordres et sur toute mon attention à vous procurer tout l'avantage possible. En attendant je vous fais passer ci-inclus un prixcourant des marchandises de notre place.

Daignez à votre tour, prendre note de ma signature, et donnez lieu au plutôt à une correspondance également utile à l'un et à l'autre.

Num. 3.

Sur le Sujet de la première.

Ayant fait conster, où de besoin, de l'effectif de mes fonds, j'ai obtenu la faculté d'établir un Commerce en gros sous mon nom et obligation.

Je ne me bornerai pas à des achats et ventes de marchandises; je ferai encore la Commission, l'Expédition et d'autres affaires qui pourront présenter quelques bénéfice.

Disposez de moi en toute rencontre, m'accordant à cet effet votre amitié, et honorant ma signature de votre entière confiance.

Num. 4.

Réponse et Commission.

Si mes voeux sont exaucés, le nouvel établissement dont vous me donnez avis par votre lettre du premier Courant, jouira bientôt du crédit des maisons les plus anciennes et les plus respectables. Puisse la fortune présider à toutes vos entreprises. J'ai pris note de votre signature conformement au désir que vous m'en avez témoigné.

Je crois vous donner une marque de ma confiance particulière en vous commettant les diverses marchandises spécifiées ci-dessous. J'espére que vous n'omettrez rien pour me les procurer de la meilleure qualité. Vous les adresserez à Messieurs Löw et Ryger de Magdebourg, avec ordre de les tenir à ma disposition.

Vous vous prévaudrez sur moi, à deux mois de date, du montant de votre facture, et tout honneur sera fait à votre traite. Je ne vous mets aucunes limites, parceque mon intention est d'avoir ce qu'il y aura de mieux. Dorénavant le nombre de mes commissions sera toujours réglé sur le zèle que vous apporterez à mes interêts.

Num. 5.

On donne avis d'une nouvelle Société formée à Londres.

Nous avons l'honneur de vos informer par la présente, de l'établissement d'une nouvelle Maison de Commerce sous la raison de Seyffert, Chalon et Compagnie, et sous l'obligation de tous les soussignés.

La déclaration d'un Capital suffisant approuvé par qui de droit, nous rend aptes à entreprendre toute sorte d'affaires relatives à notre Place. Nous sommes jaloux de votre confiance et des ordres dont vous voudrez bien l'accompagner.

Daignez prendre note de nos signatures pour n'ajouter foi qu'à elles seules.

Num. 6.

Réponse à la cinquième. D'Amsterdam pour Londres.

Votre chere lettre du 11 Courant, m'apprend votre nouvel établissement d'une Maison de Commerce à laquelle je desire la réussite la plus heureuse. Accordez-moi, je vous prie, votre amitié, au même dégré que je vous donne la mienne.

J'ai pris note de vos signatures; je vous recommande pour la mienne, la même chose.

Quand votre Compagnie des Indes aura résolu de mettre ses marchandises aux enchères, vous aurez la bonté de m'en faire tenir un état distinct, auquel vous joindrez votre opinion sur les prix qui seront à peu près fixés. Ces précautions sont nécessaires pour que je puisse d'avance prendre mes mesures, et vous donner mes commissions.

Je vous envoie ci-inclus un état des marchandises qui seront vendues le 17 Mai par cette Chambre de Zélande. Si vous trouvez quelqu'article, qui vous convienne, donnez-moi actuellement vos ordres, afin que je puisse en examiner à loisir, la qualite.

Num. 7.

Etablissement en Drogues sous la direction d'un Jeune-homme intelligent qui a l'approbation du Chef de la Maison de Commerce dans laquelle il travaillait.

Pour récompenser le zèle que j'ai tâché de faire paraître pendant plusieurs années, dans le comptoir de M. Adolphe Tron, cet homme généreux consent non seulement à ma séparation d'avec lui, mais il daigne encore joindre une partie de ses fonds aux miens, pour me mettre en état de former une maison en mon propre nom. En vous faisant part de ma nouvelle entreprise, j'ose vous demander votre confiance et votre amitié.

Mon Commerce ne se bornera pas aux Drogues, qui en formeront toutefois la principale branche. Je l'étendrai aussi à d'autres petites affaires relatives à toutes les espèces de nos produits.

Daignez prendre note de ma signature pour n'ajouter foi qu'à elle.

Num. 8.

Réponse.

Par votre Lettre circulaire du 24 Courant, vous m'informez de votre entreprise d'un nouveau Commerce en Drogues. Je vous y désire tout le bonheur et tous les succés imaginables, et vous exhorte à faire naître des occasions également favorables à nos interêts respectifs.

J'ai déjà pris note de votre signature. Je pense je vous en aurez fait de même pour la mienne.

Le prix-courant ci-inclus vous instruira du cours des Marchandises de notre Place. Toutes les fois que vous me donnerez vos ordres, je tâcherai, en y mettant tout le zèle dont je suis capable, de les remplir à votre entière satisfaction.

Num. 9.

Etablissement d'un Commerce d'Expédition.

Des connaissances de Commerce acquises dans différentes Places, et le désir d'augmenter ma fortune, m'ont déterminé à commencer dès aujourd'hui en cette Ville, un

Commerce d'Expédition dont je vous donne avis.

A des fonds suffisants déjà reconnus par qui il appartient, je réunirai le zèle et toute l'activité convenable pour satisfaire mes amis.

Honorez-moi de vos ordres, et faites ensorte qu'en vous prouvant par les faits la vérité de ce que j'avance, je puisse me rendre toujours plus digne de votre amitié.

Je vous prie de prendre note de ma signature pour éviter d'ajouter foi à toute autre.

Num. 10.

Réponse.

Il n'est pas de bonheur que je ne désire au nouveau genre de Commerce que vous avez entrepris. Pour vous montrer combien j'ai à coeur sa réussite, je vous aurais adressé une bonne partie de Collis qui passent par mes mains, s'ils n'avaient déjà eu pour la plûpart, leur destination. Je tâcherai pourtant de suppléer en quelque façon à mon impuissance à cet égard, par l'envoi que je vous ferai de ceux qu'il me sera libre d'adresser à qui bon me semblera. N'oubliez pas de m'instruire, à cet effet, des prix des voitures, dans les cas surtout où ils pourraient me convenir.

J'ai pris note de votre signature.

Num. 11.

Avis de l'établissement d'un Commerce en gros.

Ayant résolu d'établir en cette Ville un Commerce en gros j'ai obtenu, à cet effet, la permission requise.

Si la droiture et l'exactitude dans tout ce qui regarde la Commission, l'Expédition, l'Anticipation et les Changes, peuvent être pour vous un motif de m'accorder votre confiance et votre attachement, je dois me flatter d'être bientôt honoré de vos ordres. Il m'est aisé de persuader qu'avec des fonds suffisants et des connaissances solides, fruit d'une longue expérience, je pourrai, à coup sûr, goûter l'avantage de servir de plus en plus les interêts de mes Commettans.

N'ajoutez foi qu'à la signature ci-après, et de laquelle je vous prie de prendre note pour éviter toute méprise.

Num. 12.

Réponse.

Par votre chère lettre du premier Courant, je suis avisé de l'établissement de votre nouveau Commerce en gros, pour les progrès duquel je fais les voeux les plus sincères.

J'ai pris note de votre signature. Je vous recommande pour la mienne, la même chose.

Ne manquez pas, je vous prie, de me marquer les conditions sous lesquelles vous entendez entreprendre les affaires de Commission, d'Expedition et d'Anticipation. Si elles me conviennent, je me ferai un vrai plaisir de vous employer à l'occasion.

Num. 13.

Cession de Commerce faite par un Pére à son Fils unique.

Un âge avancé et le désir de passer en repos le peu de jours que j'ai encore à vivre, nécessitent de ma part l'abandon total des affaires dont j'ai soutenu le poids jusqu'à présent. J'ai choisi pour mon successeur, Ignace mon fils unique à qui je céde entièrement mon commerce.

Comme Père il me convient peu de faire l'éloge de sa capacité. Il me sera pourtant permis de dire que s'il continue à tenir la route qui lui a été frayée, et de laquelle il ne s'est jamais écarté sous ma conduite, je me trouve déjà bien payé des soins que l'amour paternel lui a prodigués, et ne doute pas un instant que vous lui accordiez l'amitié, la confiance et l'affection dont vous m'avez constamment honoré.

Veuillez bien balancer mes comptes ouverts chez vous, et les passer au compte de mon Fils, en prenant note de sa signature pour l'avenir.

Je n'oublierai jamais l'attachement invariable ni ces sentiments affectueux que vous m'avez conservés durant tout le cours de nos affaires.

Je ne saurais mieux vous témoigner mon retour, qu'en consacrant une partie de mon loisir à demander pour vous au ciel, l'abondance de ses bénédictions.

Num. 14.

Le Fils donne avis de la même cession.

La résolution généreuse que mon Père a prise de m'abandonner tous ses droits, vous prouve combien il me traite en bon Père.

Je serais indigne de vivre si je dévoyais jamais du chemin qui m'a été tracé avec tant de peines et de soins, et si je ne mettais à y marcher, toute mon attention et toute ma gloire.

Dignes amis! Prévalez-vous de ces sentiments en m'accordant l'affection, la confiance et l'amitié dont mon Père a été l'objet pendant tant d'années. C'est alors que j'espère vous convaincre par l'événement, qu'il n'y a rien d'outré dans mes expressions.

La raison de Commerce ne changera pas de nom. Je dois à l'amour paternel cette faible marque de ma reconnaissance. Daignez seulement prendre note de ma signature pour ne la confondre avec aucune autre. Au sujet des comptes, comme il n'est besoin de faire aucun transport de parties, vous n'avez qu'à vous entendre avec moi.

Vous me trouverez toujours dévoué a vos interêts; en conséquence vous pouvez compter sur mon zèle comme sur celui que mon Père n'a cessé d'apporter en traitant les affaires des ses amis.

Num. 15.

Réponse aux Num. 13. et 14.

Daigne la Providence Divine protéger et conduire toujours les entreprises dont vous me donnez avis par votre chère lettre du premier Courant.

Quant à moi je n'omettrai rien pour entretenir une correspondance également avantageuse à tous les deux. Ma principale vue en cela, sera de vous témoigner cette ancienne amitié qui m'a toujours lié à votre respectable Père dont le repos sera de longue durée, si mes souhaits sont accomplis.

En attendant, expédiez-moi en droiture par la première occasion, les Marchandises en fer spécifiées ci-dessous. Cette commission n'est que le prelude de celles que je vous donnerai par la suite, toujours dans la vue de vous prouver la sincérité de ce que je dis.

Num. 16.

Un Père cède son Commerce à ses Enfants sous la direction de l'aîné.

Des forces épuisées par l'âge et le travail exigent que je préfère mon repos à des soins qui m'ont occupé jusqu'ici, et dont je me décharge sur mes trois fils, François, Jean et Auguste, en leur abandonnant entièrement mon Commerce.

L'aîné, dont la signature sera la seule valable, a travaillé sous moi, nombre d'années, à ma grande satisfaction. Ce sera aussi lui seul qui dirigera toutes les affaires jusqu'à nouvel ordre.

Je me flatte que, de concert avec ses frères tous intéressés au Commerce, il continuera soigneusement à cultiver les amis de son Père, et qu'il prendra à coeur leurs interêts comme les siens propres. C'est là le seul désir qui me reste à former. J'en recompenserai dans mes enfans l'accomplissement, par les bénédictions dont je les couvrirai, et je coulerai dans les contentement et la tranquillité, le petit nombre de jours que j'ai encore à vivre.

Fournissez-leur l'occasion de vous convaincre de leur droiture et de leur activité, et recevez ici mes plus tendres remercîments pour la confiance inaltérable que vous m'avez toujours conservée et que je vous prie de leur faire partager à l'avenir.

Que le Ciel conduise à jamais vos entreprises, et vous accorde une longue suite de jours heureux.

Num. 17.

Lettre circulaire des Fils.

La précédente Lettre circulaire vous instruit de la cession que notre père nous a faite de son Commerce sous la direction de notre frère aîné François, jusqu'à nouvelle disposition.

Nous ne croyons pouvoir mieux marquer notre respect filial et la reconnaissance qui nous presse, qu'en continuant les affaires sans aucun changement, sous le nom d'un père si cher. Soyez sûr que la probité nous guidera toujours dans le chemin qu'il nous a tracé, et nous espérons que réunie à notre activité elle sera pour tous nos amis un motif de nous accorder leur confiance.

Votre amitié et les ordres dont vous l'accompagnerez augmenteront notre empressement à vous servir, et l'interêt que nous ne cesserons de vous montrer en toute rencontre.

Veuillez bien prendre note de la signature de notre frère, seule valable, et comptez éternellement sur la parfaite estime de tous.

Num. 18.

Un Négociant intéresse à son Commerce, son premier Commis.

Mes affaires qui s'étendent de plus en plus, m'ont engagé, depuis quelque tems, à me chercher un appui.

L'honnêteté, les connaissances, et l'ardeur infaticable qui caractérisent M. Frédéric Karl, et dont il ne s'est jamais démenti dans l'espace de dix années consécutives, ont fixé mes vues sur lui. Je l'intéresse dès ce moment à mon Commerce, et lui donne la signature.

Le désir de mériter toujours plus votre confiance, me fera poursuivre le même cours d'affaires avec toute l'activité possible.

Vous aurez la bonté de prendre note de nos signatures ci-après, et nous vous prions de nous honorer de vos ordres.

Num. 19.

Avis de la vente d'un Commerce.

L'état critique de ma santé me force d'abandonner les affaires, et m'invite au repos.

J'ai vendu à cette fin mon commerce de Drogues et d'Expédition à M. Adam Mauke; ne me récervant que la liquidation.

Veuillez bien en prendre note, et agréer mes sincères remercîments de l'amitié que vous m'avez conservée jusqu'à ce jour. Elle m'en deviendrait plus chère, si vous daigniez contenter le désir qui me presse de ~~vous~~ la voir accorder à mon successeur.

Je vous souhaite tous les biens qui peuvent faire l'objet de vos voeux, et vous prie de croire que je me souviendrai éternellement de vous comme de tous mes autres amis.

Num. 20.

Avis de l'Acheteur.

La précédante Lettre circulaire vous porte la nouvelle de l'achat que j'ai fait du Commerce de M. Christophle Fostrich qui s'en est réservé la liquidation.

Je continuerai les affaires sur le même pied que mon prédécesseur, et je m'efforcerai d'y faire paraître même zèle et même exactitude.

Un capital à moi, et des connaissances suffisantes me facilitent le moyen d'exécuter les ordres de mes amis de manière à pouvoir les contenter pleinement, et avec la certitude de mériter de leur part la confiance que je réclame.

Veuillez prendre note de ma signature, et me faire ressentir au plutôt les effets de votre amitié.

Num. 21.

Réponse au Num. 19.

Après m'avoir communiqué votre résolution de vendre le Commerce que vous avez régi si honorablement pendant tant d'années et dont vous vous êtes réservé la liquidation, vous me recommandez M. Adam Mauke, et finissez par prendre congé de vos Correspondants. Il ne me reste donc plus, cher ami, qu'à vous souhaiter dans le repos que vous avez choisi, une longue suite de jours paisibles et heureux.

Pour vous convaincre de mieux en mieux de la vérité de mon estime, je vous certifie que désormais je confierai mes affaires à votre successeur, avec cette assurance que j'ai toujours montrée à votre égard, et que de mon côté rien ne portera jamais la moindre atteinte à la correspondance que je vais établir avec lui.

Je vous remets ci-joint votre solde de florins 375 - 25 sur M. Jean Michel Schwalbe, à trois jours de vue, vous priant d'en procurer le nécessaire pour en solder mon compte à la rentrée.

Souvenez-vous dans votre retraite de votre ancien ami, et disposez de lui en tout où de besoin sera. Vous savez que la vraie amitié doit survivre à jamais à toute liaison d'affaires.

Num. 22.

Cession faite par une Mère à son Fils, du Commerce de feu son Mari.

Ayant eu le malheur de perdre en dernier lieu mon époux, je céde sa raison de Commerce avec ses fonds respectifs à mon fils aîné Thadée qui sera chargé de liquider. Je vous en avise afin que vous preniez connaissance de sa signature, et que vous portiez à son compte les soldes de l'ancienne Raison.

C'est dans les sentiments les plus vrais et les plus sinceres que je viens vous remercier de l'entière confiance que vous aviez donnée à l'époux chéri que je regrette. La reconnaissance éternelle que j'en aurai sera à son comble, si accueillant la prière d'une veuve affligée, vous daignez porter au fils cette même amitié, et l'honorer de cette même confiance dont le père a joui durant tant d'années.

Que le Ciel éloigne de vous les malheurs qui m'accablent, et qu'il répande sans cesse ses bénédictions sur toute votre famille.

Num. 23.

Lettre circulaire du Fils sur le même sujet.

Vous avez vu par la Lettre circulaire de ma tendre mère qu'elle me céde le Commerce et les fonds respectifs du père chéri qu'une mort prématurée nous a enlevé. Mes affaires ne changeront pas de marche, puisque je me propose de les poursuivre avec une ardeur que rien ne saurait rallentir.

Daignez nous conserver constamment cette inclination et cette amitié dont notre famille a été l'objet pendant un si grand nombre d'années.

Quant à moi, le premier de mes devoirs sera de suivre les traces de mon vertueux père. Son souvenir sera toujours gravé dans mon ame, et pour ne pas le perdre un instant de vue, je ne veux prendre pour ma signature d'autre nom que le sien. Ayez donc la bonté de prendre note de celle-là pour n'ajouter foi qu'à elle.

Num. 24.

L'on donne avis de l'achat du Commerce d'une Veuve.

La présente est pour vous faire part de l'acquisition que j'ai faite du Commerce appartenant ci-devant à Madame Amélie Wurm. Comme la liquidation m'a été aussi cédée, vous aurez la bonté de passer à mon compte, le solde de ceux de l'ancienne Raison, et n'ajouterez foi qu'à ma présente signature.

Je me flatte qu'à l'aide de mes connaissances dans le Commerce, et des fonds nécessaires avoués par le For compétent, je pourrai prétendre au plaisir d'exécuter les ordres de mes amis à leur entière satisfaction. Je contenterai alors l'ambition que j'ai de servir leur interêts avec tous les soins dont je suis capable.

Joignez à ces désirs votre confiance et votre amitié et tout ce qui peut vous décider à disposer de moi.

Num. 25.

Autre lettre d'une Veuve sur la mort de son Mari.

L'époux chéri que le Ciel m'avait donné n'est plus, et le Seigneur qui me frappe pour m'humilier, a voulu me rendre le témoin de sa mort. Inconsolable dans mon malheur, je n'entrevois aucun terme à mon affliction. J'espére que vous prendrez part à celle-ci, et je désire que vous soyez exempt d'un revers pareil au mien, jusqu'à l'âge le plus reculé.

Le Commerce que mon mari dirigeait avec une estime générale, je le continuerai sur le même pied en faveur de mon fils unique Charles encore mineur. Ce cher enfant est le gage le plus précieux qui me reste de la mémoire de son père.

Le seul M. François Erlich qui pendant huit ans consécutifs a mérité toute la confiance du défunt, unira sa signature à la mienne. Veuillez bien en prendre note pour éviter toute méprise, et honorez-les de cette confiance constante que je ne pourrai jamais assez reconnaître.

Num. 26.

Réponse.

J'apprends avec le plus grand chagrin par votre lettre du premier Courant, la perte que nous avons faite l'un et l'autre, vous du plus tendre des époux, et moi d'un de mes plus anciens et plus chers amis. Ce coup est cruel, à la vérité; cependant il est adouci par la certitude où vous devez être que celui que vous pleurez n'a terminé la carrière qu'il a parcourue avec tant d'honneur, que pour passer dans un état de paix et de bonheur inaltérable. Il a payé avec résignation à la nature tout ce qu'il lui devait, et par ce dernier tribut il s'est délivre du poids de cette misérable vie, laissant à sa postérité la mémoire honorable d'un homme actif, juste et intègre.

Que cette pensée modère la vivacité de votre douleur, et essuye vos larmes. L'amitié que je portais à votre digne époux vous est acquise pour jamais. Mettez-la, je vous prie, à l'épreuve dans toutes les occasions. Pour vous témoigner le désir que j'ai de vous la rendre utile, j'ai pris note de vos signatures nécessaires à la continuation du Commerce dirigé par M. François Erlich.

Num. 27.

Une Veuve annonce la mort de son Mari et la continuation des affaires qu'il dirigeait.

Le Seigneur, dont les desseins sont impénétrables, a voulu attirer à lui mon mari qui a fini sa vie le 12 du Courant. Ce coup est pour moi des plus violents et des plus douloureus. Je serais inconsolable, si les vertus de ce tendre époux ne me donnaient l'assurance qu'il ne m'a été ravi que pour en recevoir la récompense dans le Ciel.

Dieu veuille vous épargner, longues années, à vous et à votre famille, des accidents si funestes qui, tout inévitables qu'ils sont, n'en deviennent que plus amers, pour être si souvent prématurés.

Je continuerai sans rien changer, le Commerce que mon mari m'a laissé par testament. Je vous prie, en conséquence, de prendre note de ma signature.

Daignez, pour ma consolation, me conserver cette amitié dont le défunt a joui durant tant années.

Num. 28.

Réponse.

Il est naturel à l'homme de se livrer sans retenue aux transports de sa douleur, quand il lui arrive un malheur imprévu. Cependant avec de la réflexion, il reprend peu à peu son premier état, et retire bien souvent de ses maux la plus grande consolation.

Vous voilà donc, Madame, privée tout-à-coup du plus fidéle des époux. Cette séparation est bien pénible, je l'avoue, mais elle est en même tems consolante par la certitude où elle vous met, que l'objet qui a subi le sort commun à tout mortel, n'a fait que prendre possession d'un bonheur qui lui est assuré pour l'éternité. D'après cette considération, vous devriez tempérer votre douleur et envier bien plutôt la destinée de notre ami, que de nuire à une santé qui vous rendra incapable de veiller à vos propres affaires. Croyez-moi, Madame, le chagrin ne sert qu'à miner notre tempérament et à abréger notre course. Craignons de troubler en quelque façon par nos larmes, la félicité de celui qui les fait couler, et consolons-nous par le souvenir précieux qu'il nous a laissé d'un caractère honnête et irréprochable.

Qu'à l'avenir rien ne mette obstacle à la continuation de vos ordres. Donnez-les-moi avec pleine liberté, et comptez qu'en tout ce qui pourra concourir à votre avantage, vous ne trouverez pas d'ami plus zélé que moi.

J'ai pris note de votre signature, et je conjure le Seigneur de répandre ses bénédictions sur vos entreprises.

Num. 29.

Une Veuve donne avis de la mort de son Mari, et déclare qu'elle abandonne le Commerce qu'il régissait.

Il m'est cruel, la première fois que je vous écris, d'avoir à vous mander la mort imprévue du plus tendre des époux et du plus fidèle des amis. Cette perte douloureuse et irréparable me fait prendre la résolution de ne pas m'ingérer dans le Commerce, et de rompre toute ancienne liaison d'affaires, pour chercher du soulagement à mon malheur dans le repos et la méditation des vicissitudes humaines.

J'ai chargé du soin de liquider, mon frère Chrétien Höffle avec qui vous correspondrez et solderez les comptes, n'ajoutant foi, à cet effet, qu'à sa signature jusqu'à ce que tout soit terminé.

C'est avec la plus parfaite cordialité que je viens vous remercier de l'attachement que vous avez constamment porté à mon époux. Pour vous marquer combien j'y suis sensible, je ne cesserai de démander au Ciel qu'il vous comble de joie et de bonheur.

Num. 30.

Choix d'un nouveau Directeur d'une Compagnie de Commerce.

La faible santé de M. François Horle notre Associé et Directeur, l'ayant forcé à se retirer pour vivre dans le repos, nous l'avons remplacé en sa qualité de Directeur par M. Charles Tumpling. Nous vous en donnons avis afin que vous preniez note de la signature de ce dernier, pour n'ajouter foi à aucune autre.

Les affaires seront poursuivies sans la moindre altération. Il ne nous reste qu'à vous témoigner le désir que nous avons que vous nous continuerez votre confiance. Veuillez bien nous la prouver toujours par les ordres que vous nous donnerez.

Num. 31.

Dissolution d'une Société dont le Commerce est cédé à un des Associés.

Le Commerce dirigé jusqu'à présent sous la raison de Kaul, Rapp et Compagnie, est aujourd'hui dissous du consentement de tous les intéressés.

La liquidation a été laissée à M. George Rapp qui continuera le Commerce sous son seul nom et obligation. Nous vous prions de transporter à la nouvelle raison les soldes des compter de l'ancienne, et de n'ajouter foi qu'à la signature de M. Rapp.

Recevez nos plus vifs remercîments de la confiance que vous avez conservée si long-tems à l'ancienne raison, et veuillez la continuer au Chef de la nouvelle. C'est un homme dont la probité est à toute épreuve, et au sujet duquel nous ne pouvons vous donner que les témoignages les plus avantageux.

LETTRES D'OFFRES DE SERVICE.

Num. 32.

Lettre première.

Nous touchons à l'époque intéressante où le Commerce a coutume de reprendre vigueur. C'est ce qui me porte à vous communiquer les avis qui me sont parvenus, partie de la part de mes Correspondants, partie par les Capitaines qui abordent en ce port.

Les Olives et les Amandes promettent, cette année, une récolte abondante; ce qui ne peut se dire des Raisins qui nous font espérer à peine une demi-récolte. Le Raisin de Corinthe du Zante et de Patras, annonce beaucoup. Si la vendange vient à répondre à ces apparences, on pourra bien attendre dans cet article une baisse de trente pour cent. On nous mande à peu près la même chose de Smyrne par rapport aux Raisins et aux Cotons. Depuis quelques années ces derniers y réussissent assez mal.

Il n'y a que des accidents imprévus qui puissent détruire les apparences flatteuses que nous offres, cette année, la bienfaisance inépuisable de la nature. Je vous envoie tous ces détails afin que vous preniez bien vos mésures, et surtout pour que vous régliez, à propos, la distribution des Commissions que vous donnerez.

Si dans la suite vous désirez de semblables avis, disposez de moi librement, et comptez que je serai prêt à tout, quand il s'agira de vous être utile.

Vous trouverez inclus un Prix-courant des marchandises de notre place.

Num. 33.

Réponse.

Il serait certainement à désirer que les espérances dont vous me flattez par votre chêre Lettre du premier courant, se réalisassent, et que la Providence daignât enfin nous accorder une bonne récolte après que nous en avons eu tant de mauvaises.

A l'arrivée des fruits nouveaux, vous effectuerez de suite ma première Commission que vous trouverez ci-dessous. Quant à la seconde, vous attendrez le moment favorable pour acheter à mon plus grand avantage.

Préparez-moi, pour le présent, avec toute la diligence possible, une barrique Huile de dix à douze quintaux. Observez qu'elle soit de bon bois, et bien conditionnée, pour éviter le coulage. Vous l'expédierez en droiture pour Salzbourg à M. Benjamin Seyde à qui je donne moi-même mes ordres ultérieurs.

A l'expédition, vous vous prévaudrez du montant de ces Commissions à deux mois de date, sur M. Kilian Kucks et Compagnie de Vienne, et tout honneur sera fait à vos traites.

Num. 34.

Lettre seconde.

Depuis quelques jours il est arrivé des Indes Orientales dans ce port, divers Navires chargés de caffé, de sucre et d'autres riches marchandises. Comme la vente de leur dargaison est fixée au commencement d'Août, je vous envoie la portée avec les détail des conjectures que l'on forme actuellement. Vous trouverez ci-inclus un prix-courant des articles de notre place, lequel pourra vous servir de règle dans vos Commissions.

Le bruit court que dans les îles françaises, la plûpart des plantations de caffé et de sucre ont été détruites par les nègres; et comme St. Domingue fournissait annuellement environ 300 mille quintaux de caffé et une quantité de sucre encore beaucoup plus grande, l'on ne peut plus s'attendre qu'à une hausse considérable dans ces deux articles. On pense différemment du Riz de la Caroline, où la récolte a été abondante et doit nous donner des prix plus discrets. Le poivre, au contraire, ne nous fournit cette année qu'une démi-récolte; ce qui en occasionera nécessairement l'augmentation.

Il ne sera pas fait mention d'une seule once de gingembre blanc dans le mémoire que je vous fais passer. Nous en attendons environ dans deux mois, quelques parties qui ne tireront pas à conséquence. Il ne faudra donc pas s'étonner si les prix viennent à augmenter sans limites. Le gingembre noir haussera pareillement.

Le poivre girofié a renchéri de nouveau. L'attente pourtant de quelques vaisseaux, et les espérances favorables que l'on a de la récolte prochaine, contribueront infailliblement à en modérer les prix.

Les plantations d'Indigo s'annoncent très-bien dans la Caroline, passablement dans les Indes Orientales, de mal en pis dans la Louisiane, et l'on ne peut mieux à St. Domingue. Le prix de cette dernière qualité baissera de 10. à 15 p. &., et fera tomber celui des autres, pourvu qu'aucun accident ne trompe l'attente flatteuse où l'on est sur la récolte.

Le Zinc, la Cochenille, la Laque, le Benjoin et le Musc ont augmenté à cause du grand nombre des demandes, et dorénavant ils renchériront plutôt qu'ils ne baisseront.

Ceci vous servira de règle, et c'est tout ce que je puis vous communiquer pour cette fois.

Num. 35.

Réponse contenant de reproches au lieu d'une Commission.

Je ne puis concevoir comment, pour vous procurer des Commissions, vous avez la hardiesse d'importuner ces personnes mêmes à qui vous cherchez à nuire autant qu'il est en vous, pendant que vous ruinez le Commerce sans en retirer pour vous le moindre avantage.

Je vis de mes propres yeux, il y a trois mois, en différents endroits de Province, votre voyageur. Je fus scandalisé et plein d'un juste mépris lorsque je l'apperçus parcourir successivement toutes les boutiques; et n'en sortir, avec l'air le plus effronté, qu'après avoir extorqué quelque Commission. Bien plus, non content d'être parvenu ici à ses fins, à notre détriment, il s'introduisit avec la même effronterie chez les Curés, dans les Couvents, les Auberges et les plus riches maisons, recueillant jusqu'aux ordres les plus minutieux, et faisant perdre par un moyen si bas, au pauvre boutiquier, tous ses chalands.

Ce honteux procédé mériterait qu'on affichât publiquement à la bourse votre nom avec votre conduire, et qu'on y brulât toutes vos lettres d'offres de service.

Que ce que je vous dis vous serve de leçon pour l'avenir, comme il sert de réponse à votre lettre du premier courant, laquelle sera certainement la dernière que j'aurai lue de votre part.

Num. 36.

Lettre troisième.

Les événements extraordinairs du Commerce me rendent, cette année, plus empressé à vous communiquer mes avis.

Si vous rappellez ceux que je vous donnai l'automne dernière, vous reconnaîtrez aisèment que je vous prédis l'augmentation de l'huile, laquelle était déjà conjecture d'après les apparences du fruit encore verd. On en parle actuellement avec plus de certitude, à cause que la récolte n'est allée, en pouille, qu'à la moitié de celles des années précédentes. Les avis du Levant sont encore plus défavorables, et ils ne sont que trop confirmés par le manque total des envois de cet article. Il en est de même de la France, pour compte de laquelle il a été fait des achats qui ont contribué à faire hausser davantage les prix. A ces fâcheuses circonstances, le gouvernement de Naples vient de joindre la prohibition d'extraire du Royaume toute quantité excédant 9000 quintaux. Jugez maintenant vous-même quelles espérances nous devons concevoir de tout cela. Le prix actuels des huiles sont de fl. 26 à 30 $\frac{1}{2}$ selon la qualité.

Le dommage qu'a essuyé au Zante le Raisin de Corinthe dans le tems de la vendange, n'est que trop vrai. Les envois de cet article ont été si rares, et les nombreuses Commissions du Ponent les ont enlevés avec tant d'avidité que le prix en est monté à fl. 18 $\frac{1}{2}$, sans espérance de rabais. L'on présume même qu'il ira encore plus haut.

Le Raisin de Sicile, dit Passoline, se soutien à fl. 17, et le peu qui en reste sur notre place donnera lieu à des augmentations.

Il n'en est pas ainsi du Raisin de Smyrne, en grappes ou non; et si cette qualité abonde chez nous, il n'y en a qu'une petite partie de bonne et qui puisse se conserver. En grappes il vaut de fl. 9 $\frac{3}{4}$ à 10 $\frac{1}{2}$; égrappé de fl. 10 $\frac{1}{2}$ à 11 $\frac{1}{2}$. Je puis vous procurer de ce dernier, la quantité que vous souhaiterez.

Il se fait des spéculations considérables en Riz. C'est pour cela que celui d'Ostille est allé de fl. 8 à 11; celui de Milan de fl. 7 à 9 $\frac{1}{2}$; celui de Mantoue de fl. 7 $\frac{1}{2}$ à 10 $\frac{1}{4}$. Selon les apparences cet article augmentera encore.

Les beaux citrons de Messine de la seconde coupe coûtent de fl. 4 à 5 $\frac{1}{4}$; en égard à leur qualité ils doivent se conserver longtems, cette année.

Le prix des cotons est toujours le même qu'il était auparavant. Il est réglé sur la beauté de la marchandise et sur la finesse de l'emballage. Le coton de Smyrne de première qualité peut s'obtenir de fl. 46 à 47 $\frac{1}{2}$.

Les sucres et les caffés ont augmentés. Si l'Angleterre et la Hollande venaient à prendre parti dans cette guerre contre la France, elles feraient encore hausser ces deux articles et autres semblables.

Les Galles manquent de nouveau cette année, et nous n'avons également que bien peu de Manne, de Jus de Réglise et de Saffranons. Toutes ces marchandises renchérissent chaque jour de courier.

Nos parties d'Amandes sont aussi fort petites, et nous ne pouvons espérer qu'il arrive beaucoup de ce fruit, vû les achats extraordinaires qu'en ont faits le négociants du Ponent, Ce sera donc par pur hasard que les prix actuels resteront quelque tems de varier. Les amandes de Pouille sont à fl. 28 $\frac{1}{2}$; celles de Sicile à fl. 27 $\frac{3}{4}$; les amères à fl. 25; celles de France manquent totalement.

On attend de Tunis et de Smyrne divers navires chargés de laine.

En me donnant vos ordres dans ces circonstances critiques, je vous conseille de ne pas trop vous fier à tous ces prix que je vous marque, ni à ceux du prix-courant que je vous envoie inclus. Reposez-vous plutôt sur mon honnêteté qui vous est connue. Les limites que vous pourriez me fixer ne tourneraient peut-être qu'à votre désavantage, sans qu'il y eût de ma faute.

Num. 37.

Lettre quatrième.

Par un bâtiment venant d'Alexandrie, j'ai reçu, ces jours derniers, les articles dont je vous remets la note. Je n'en disposerai pas avant d'avoir eu votre réponse que j'attends par le retour du courier. Si les prix vous conviennent; vous me ferez des remises pour leur montant, à la réception de la facture, ou vous m'indiquerez une maison à Vienne sur laquelle je puisse me prévaloir pour votre compte, à six semaines de date.

Note de marchandises et des prix.

Saffranons d'Alexandrie première fleur les 100 ℔	à fl. 54.
—— Seconde dite	42.
avec 20 ℔ de tare par Balle.	
Dattes grosses, dites Sultanes . . .	26.
—— petites, communes	19.
Mastic naturel	127.
Myrrhe naturelle	148.
Momie véritable	96.

Baume de Pérou la ℔.	$10\frac{1}{2}$.
—— de la Mecque	$9\frac{1}{2}$.

Num. 38.

Réponse avec des reproches.

Maintefois vous m'aviez offert vos services avant que je me déterminasse à quitter mes anciens amis. L'année dernière votre prix-courant, qui était de quelque chose pour cent un peu moins fort que les autres, me décida à faire un essai et à vous commettre une partie des articles que je demandais. Je vous avertis expressement que je ne voulais aucune marchandise de quanté inférieure, et je vous enjoignis de renoncer à l'expédition, si vous ne pouviez exécuter, à la rigueur, ma Commission telle que je vous la préscrivais.

Vous me promites tout, et jamais rien n'a répondu à vos promesses. A la réception des marchandises que vous m'expédiâtes, je me trouvai tellement joué sous tous les rapports, que depuis lors je me suis repenti mille et mille fois d'avoir abandonné des amis expérimentés, qui m'avaient toujours servi à mon entière satisfaction.

Je me souviens très-bien de vous avoir avisé immédiatement après la réception des marchandises, du mauvais état où elles me parvinrent. Je vous produisis à ma décharge, des attestations dignes de foi, et je prétendis que vous eussiez à disposer d'ailleurs des mêmes marchandises, ou que vous m'offrissiez une bonification proportionnée à leur mauvaise qualité.

Pour toute réponse, vous ne me donnâtes qu'un amas de prétextes et de ces excuses frivoles et ridicules que l'on a coutume d'employer en pareils cas.

Comme je connus à ne pas m'y tromper, le caractère de la personne à qui j'avais affaire, et que j'ai toujours été l'ennemi juré des contestations inutiles, je me soumis à la perte que vous me faisiez supporter, et je vous remis, comme vous savez, le montant de votre facture jusqu'au dernier kreutzer. Il est vrai que je pris dès ce moment la ferme résolution de ne plus me laisser duper à l'avenir, ni par vous, ni par aucun de vos semblables, par des offres de bas prix.

Epargnez-moi dorénavant vos brillantes offres de service, et contentez-vous de ce qu'il vous a réussi d'extorquer à ma bonne foi.

Num. 39.

Lettre cinquième, de Trieste pour Hambourg.

L'arrivée de divers navires chargés de fruits, me fournit l'occasion de vous mander les prix de ces articles. Je vous en remets le prix-courant, et je désire que vous m'honoriez de vos ordres.

L'on attend encore d'autres bâtiments; mais comme les prix dépendent du plus ou du moins des demandes, je ne puis vous assurer si ceux que nous avons actuellement se soutiendront jusqu'à votre réponse, ni s'ils baisseront ou s'ils augmenteront avant qu'elle me parvienne.

Les capitaines, que je vous nomme ci-après et qui sont présentement en charge, ont fixé le nolis à fl. 45. le Last pour les marchandises de poids, et à fl. 50 pour les légères.

Les assurances d'ici pour votre place se font dans ce moment à $3\frac{1}{2}$ p. $\frac{0}{0}$.

A l'arrivée des amandes grosses, dites de Giara, je ne manquerai pas de vous en marquer les prix.

Num. 40.

Réponse. De Hambourg pour Trieste.

Lorsque les prix des fruits seront assez fixes pour ne pas avoir à craindre une variation considérable, vous exécuterez la Commission ci-dessous, en chargeant sur un vaisseau neutre prêt à faire voile.

Ayez la précaution que le Connaissement ne soit point, comme d'ordinaire, à l'ordre. Autrement si le navire venait à être arrêté par quelque corsaire ou par une Flotte ennemie, et qu'on en examinât les patentes, toutes les marchandises qui ne seraient pas réellement destinées pour un négociant d'ici, ni déclarées lui appartenir, pourraient être regardées comme bonne prise. On les reclamerait bien, il est vrai, en faisant valoir notre neutralité; mais avant qu'on eût produit légalement toutes les preuves nécessaires, il fraudrait du tems pour la restitution. D'ailleurs les marchandises pourraient souffrir dans l'intervalle, et les frais qui se feraient, absorberaient non seulement le bénéfice qu'on aurait lieu d'en attendre, mais encore une bonne partie du Capital.

Je soignerai moi-même les assurances, et par rapport au montant de la facture, vous vous prévaudrez, comme de coutume, sur M. Michel Haas de Vienne, lequel est déjà prévenu d'accepter vos traites.

Je me fie entièrement à votre honnêteté, et je compte sur des marchandises belles, séches et qui se conservent. Je vous promets, moyenant ce, de vous continuer mes Commissions que divers m'ont déjà demandées inutilement.

C'est là ma réponse à votre chère lettre du premier courant.

Num. 41.

Lettre sixième.

La déclaration de guerre que les Français viennent de faire à l'Angleterre, à la Hollande et à l'Espagne, et le dérangement qu'elle fera naître dans le Commerce, m'engagent à vous instruire à cet égard de notre situation présente, et des conjectures que l'on forme sur cet événement.

L'huile de Pouille, dont la meilleure est celle de Lecce, se soutiendra au même prix, durant l'été, et augmentera vraisemblablement vers l'automne. La plus commune des autres Districts de cette Province, pourra aussi baisser de quelque chose dans le cours de l'été, mais à la fin de cette saison, elle augmentera pareillement comme celle de qualité plus fin.

A la réserve de quelques parties peu importantes, notre place manque d'amandes, attendu le défaut d'envois de cet article qui, pour cette raison, est en hausse. Il est à espérer pourtant que, si les fleurs ne souffrent pas du froid, les prix baisseront et se soutiendront pendant quelques tems, sans aucune variation conséquente.

Les raisins de Smyrne abondent chez nous, mais ils sont, en majeure partie, de mauvaise qualité; ce qui occasionne diversité de prix. Ceux de Samos deviennent toujours plus rares, à cause des Commissions nombreuses qui ont déjà été remplies; et si par hasard ils ne nous en fût pas venu cette année, ceux de Smyrne de première et bonne qualité, seraient montés jusqu'à fl. 18 et peut être plus haut.

Les raisins noirs n'ont subi encore aucune variation, mais nous sommes peu pourvus de cet article.

On n'attend pas de nouveaux chargements de raisins de Corinthe du Zante, ni de ceux de Sicile dits Passolines. Cela est cause que les prix se soutiennent, et qu'ils nous font craindre une hausse pour l'avenir.

A l'exception des figues enfilées, toutes les autres qualités sont déjà vendues.

Le riz a augmenté par les demandes multipliées qu'il y en a. Si l'on venait en outre à le rechercher pour avitailler les les escadres combinées qui croisent dans la Méditerrannée, une nouvelle hausse serait inévitable.

Les citrons de Messine de la seconde coupe sont de bonne qualité et à des prix raisonnables. Les nouveaux de Gènes paraîtront au moi de Mai.

Des parties très-importantes que nous avons sur notre place, en coton, en ont rendu, dans ces circonstances, les prix assez discrets. Ordinairement on achete cet article avec avantage, dans le mois de Mai et de Juin. Nous sommes fondés à douter qu'il en soit de même cette année, les assurances étant montées de 2 à 7 p.%, et les capitaines prétendant, de leur côté, à des nolis plus forts, tant à cause des flottes ennemies, qu'à cause des corsaires qui couvriront la mer. Les dangers de la navigation ainsi multipliés, il est impossible que les frais n'augmentent d'un jour à l'autre. L'opinion générale est que cet article haussera quand même la paix se ferait, par la raison que dans l'intervalle, les fabriques d'Allemagne prendront un meilleur aspect, et que la plûpart des émigrés français venant à rentrer dans leur patrie, commenceront de nouveau à travailler.

Les produits des Indes orientales prennent faveur de jour en jour, et en général les prix de la majeure partie des marchandises, sont sujets à une variation continuelle.

Il est encore à craindre que la rareté des occasions ne nous fasse manquer de beaucoup d'articles, et que bien d'autres ne se consomment tout-à-fait. Je vous conseillerais, conformément à vos vues, d'être toujours pourvu des marchandises dont vous pouriez avoir besoin.

LETTRES D'ORDRE.

Num. 42.

Lettre première.

Vous m'avez fait plusieurs fois vos offres de service ; mais il ne me convenait pas encore de vous donner quelque commission.

Votre lettre du 10 courant réveille mon attention. Je vous en donne, en preuve, l'ordre ci-dessous.

Ayez soin que les fruits soient nouveaux, bien secs, qu'ils puissent se conserver, et que tous les autres articles soient de la meilleure qualité.

Vous m'en ferez l'expédition à l'adresse de M. Jean Prokitsch de Laybach. Vous conviendrez du prix de la voiture à mon plus grand avantage et vous recommanderez la même chose à cet ami.

Quand j'aurai reçu les marchandises, je vous en remettrai le montant de suite, et à courts jours. Cette commission n'est que pour faire un essai avec vous. Vous en recevrez à l'avenir de plus importantes si vous me procurez des prix discrets.

J'attends votre facture, et j'espére qu'elle me confirmera dans la bonne opinion que j'ai de vous.

Num. 43.

Réponse.

Ma facture ci-jointe vous convaincra, je pense, du plaisir que m'a fait votre chère lettre du 15 du passé, et vous prouvera combien j'ai à coeur de mériter toujours plus votre confiance. J'ai exécuté ponctuellement vos ordres, soit par rapport à la qualité des marchandises, soit par rapport à leur expédition. Veuillez me créditer du montant, et me donner d'autres ordres d'un peu plus de conséquence.

Num. 44.

Lettre seconde.

D'après votre chère lettre du 16 du passé, je vous donne la commission ci-incluse.

Ayez attention que l'huile de Lecce soit couleur de paille, de bonne odeur, et claire, c'est-à-dire, sans lie; que les amandes de Pouille soient fraîches, grosses, et qu'on ne les trouve ni rompues ni poudreuses. Le riz d'Ostille doit être blanc et entier; le raisin de Corinthe du Zante, net de terre et de sable, et sans mélange de qualité encore verte (dans laquelle je comprends celle qui n'est pas noire mais rousse); le raisin de Smyrne, égrappé, sec et roussâtre; le coton de première qualité, blanc, bien net, d'un brin long, et en sacs légers; celui de seconde qualité, autant que possible, sans graines ni feuilles rompues, puisque tout cela nuit et embarasse tant pour le filage que pour la fabrication. Quant aux filés rouges, il est nécessaire de faire, avant toutes choses, l'expérience comme il faut, avec du jus de citron et avec l'urine, pour voir si la couleur résiste tant à l'un qu'à l'autre. Observez que les citrons ayent une écore mince, une grosseur médiocre, et qu'on n'y voye ni tâches ni durillons; que la manne de Sicile soit blanche et sèche; le jus de Réglisse en billes minces et qu'il ne soit, surtout, ni brûlé ni trop peu cuit; il faut enfin que tous les articles soient de belle et parfaite qualité.

Vous me ferez l'expédition par Laybach où vous vous servirez du chargeur que vous jugerez à propos, fixant le prix de la voiture pour le mieux. Vous pourrez vous prévaloir snr moi du montant de votre facture, payable à Vienne à deux mois de date, avec cette condition cependant, que si je ne trouve pas la commission exécutée strictement telle que je vous l'ai prescrite, vous me rembourserez la valeur de tous les articles qui ne seront pas de mon goût, et qui vous seront laissés pour votre compte.

Je vous avertis en un mot, que j'aime mieux rester sans marchandises que d'en recevoir de mauvaises, parce que je veux m'épargner toute correspondance désagréable.

Num. 45.

Réponse.

J'aurais effectué, avec un vrai plaisir, vos commissions, si la contrariété des saisons ne m'en eût rendu, cette année-ci, le dessein impraticable.

L'huile, les filés rouges, le raisin de Corinthe, les citrons, la manne et le jus de Réglisse, je pourrai vous les procurer incessamment, d'après votre ordre du premier courant, pourvu que vous vous accommodiez des prix marqués ci-dessous.

Les vents du nord ont fort endommagés les amandes dans le tems qu'elles étaient en fleur: c'est pour cette raison qu'elles sont beaucoup plus petites que les autres années.

Le raisin de Smyrne a également assez souffert des pluyes tombées pendant le vendange; voilà pourquoi il est noir et d'une qualité spongieuse et humide qui ne promet pas qu'il puisse se conserver long-tems.

La même chose est arrivé au coton que l'on a été obligé de recueillir sans qu'il ait pu parvenir à sa maturité. L'on y trouve mêlé quantité de graines et de feuilles rompues, ce qui est encore pis. Pour ce qui est de l'emballage, il n'y aurait pas de quoi se plaindre; mais sous ce rapport même, il convient toujours d'attendre l'époque favorable pour acheter, attendu que cet article nous parvient, en majeure partie, dans des sacs médiocres et gros.

Prescrivez-moi, au reste, ce que j'ai à faire.

LETTRES AVEC RÉPLIQUES.

Num. 46.

Lettre première.

Je vous accuse la réception des marchandises que vous m'avez expédiées en date du 10 du mois dernier. Il me fâche de n'avoir pas à vous répondre que je ne les ai point trouvées comme je m'y attendais.

Selon votre facture, la barrique d'huile Nro. 23. devait peser brut ℔ 1854
avec- 172 de tare
net ℔ 1682
Cependant dans ce bureau des Peseurs, comme vous le verrez par le billet que je vous en envoie inclus, elle n'a pesé que
. . . . . . ℔ 1819 brut
au contraire la tare- 178, et par conséquent
. . . . . net ℔ 1641 seulement. De sor-

te qu'il se trouve 35 ℔ de moins au poids bruit, et 6 ℔ de plus à la tare. Il manque donc en total 41 ℔.

J'ai deoit conséquemment de prétendre à une bonification de votre part, et je l'attends pour vous remettre ensuite le montant au juste. Je dois vous faire observer que la barrique m'étant parvenue bien conditionnée, j'aurais cru faire une injustice au charretier que d'exiger de lui la bonification que je vous demande.

Dans les raisins secs je trouve aussi une différence de 11 ℔, et dans ceux de Corinthe de 9 ℔; mais je passe sur pareilles bagatelles.

Num. 47.

Réponse.

Par votre lettre du 12 passé, vous me dites avoir trouvé 41 ℔ de moins dans la barrique d'huile que je vous ai expédiée.

Je vous en aurais cru même sans votre billet du bureau des Peseurs : mais je ne puis et je ne pourrai jamais me persuader d'être tenu à la bonification que vous prétendez. Je vous l'accorderais pourtant volontiers si vous étiez en état de réfuter, par de bonnes raisons, ce que je vais vous dire, et si vous vous sentiez capable de m'indiquer un moyen de changer l'ordre de la nature, lequel est ici la seule cause du manque qui vous surprend.

Vous avouez vous-même que vous avez reçu la barrique bien conditionnée, et cependant vous n'y trouvez pas la quantité d'huile spécifiée. Je vois par là qu'elle vous est infailliblement parvenue par un tems sec; car si vous l'eussiez reçue par un tems humide, vous y auriez trouvé vôtre poids au juste, comme il s'y trouva ici. Je suis charmé de pouvoir, en cette occasion, vous éclairer sur un point que vous avez ignoré peut-être jusqu'à présent, parce que vous ne savez pas les préparatifs qu'on emploie pour l'expédition de l'huile; ce qui vous porte à croire que vous avez perdu 41 ℔ de cette dernière, tandis que vous n'avez perdu que 41 ℔ d'eau, comme je vais vous le montrer.

Ici comme dans tout autre pays, avant de remplir les barriques d'huile, de vin, d'eau-de-vie et d'autres liquides, on a coutume de les remplir d'eau. Elles restent dans cet état 48 heures en été, et 24 heures en hiver; après quoi on les vide, on fait la tare, on les remplit d'huile ec.; on pese le tout ensemble et on les expédie à leur destination. Si dans la route il fait un tems sec, le soleil, le vent, le froid desséchent l'eau dont la barrique est imbibée, et de là naît naturellement une différence dans les poids.

Mais, après tout, que perd-on autre que de l'eau? Et comment changer cette suite si naturelle et que l'expérience de chaque jour rend sans cesse plus évidente? C'est là précisément la raison pour laquelle, selon les circonstances, on accorde aux charretiers, jusqu'à Salzbourg, 2 p. $\frac{0}{0}$. de déchet sur l'huile.

Essayez maintenant de déduire ces 2 p. $\frac{0}{0}$. usités dans le commerce, du poids brut que je vous ai marqué être de ℔ 1854; vous aurez 37 ℔ de déchet. Vous n'avez trouvé cependant que 35 ℔, c'est-à-dire, 2 ℔ de moins dans le poids, et 6 ℔ de plus dans la tare. Eh bien, la même chose arrive dans ce dernier cas, parce que l'eau une fois tirée des pores du bois par le soleil, par l'air ou par le froid, l'huile prend sa place dans ces pores, d'où il s'ensuit nécessairement que le poids de la tare augmente à mesure que le poids net diminue.

C'est un mal auquel tout commettant doit se soumettre, et dans le fond, il ne peut être consideré comme une perte, puisqu'il doit entrer dans les frais de voiture et autres sur lesquels on a coutume de calculer le coût des marchandises.

Je pourrais vous ajouter que tout les liquides sont sujets à se consumer d'eux-mêmes, et tous les solides à se dessécher. Mais je prévois que n'avant rien à opposer à mes raisons, vous en êtes satisfait; et vous comprenez déjà que la diminution trouvée dans les raisins secs et les Corinthe et une suite naturelle de ce déssechément.

Je puis donc attendre tranquillement mon solde, et espérer encore d'être honoré de nouveaux ordres de votre part.

Num. 48.

Lettre seconde.

Par ma lettre du 12 courant je vous témoignai ma satisfaction au sujet des marchandises que vous m'aviez expédiées et du montant desquelles je vous promis de vous créditer, dans la persuasion que vous m'auriez traité à l'instar de vos autres amis d'ici, ou du moins comme un honnête homme mérite de l'être. Hier par accident je vis chez M. Michel Schwalbe une de vos factures, et je remarquai, entr'autres choses, que l'huile y était passée à 1 fl. de moins que la mienne. Si vous examinez le prix-courant que j'ai reçu aujourd'hui et que je vous envoie inclus, vous verrez qu'il me prouve tout aussi infailliblement avec combien peu de discrétion vous en avez agi à mon égard.

Or comme mon argent vaut celui de M. Schwalbe, j'ai déduit du montant de votre facture 1 fl. par quintal sur les ℔ 3653, ce qui fait en tout fl. 36-30, et je vous remets votre solde de fl. 693-30 par la lettre de change ci-jointe payable à Uso chez Joseph Weisser, traite de Klotze: procurez en le payement et soldez mon compte.

Si vous pouvez me céder les amandes à fl. 22 comme bien des gens me les offrent, envoyez m'en par la voie ordinaire, une barrique de 12 à 14 quintaux.

Num. 49.

Réponse.

Vous me marquez en date du 30 du passé avoir vu chez M. Schwalbe dans une de mes factures, que le prix de l'huile y était d'un florin par quintal en sous de celui que je vous ai passé, et pour me prouver encore mieux cette différence vous m'envoyez inclus un prix-courant. Ensuite vous me faites une déduction que je dois supporter selon vous, et vous m'ordonnez de solder votre compter.

Tout irait bien sans cette déduction qui est un peu précipitée, et à laquelle je ne puis souscrire.

L'huile que vous avez reçue de moi a été achetée le 12 Mars, et celle de M. Schwalbe au commencement d'Avril. On a obtenu et expédié cet article depuis le 24 du Février jusqu'au 28 de Mars à fl. 21, et au commencement d'Avril à fl. 20 seulement.

Si vous pouvez réussir à infirmer tout ce que j'allégue pour ma justification, et à me prouver le contraire, je consens volontiers à ce que vous voulez me rabattre, et à la rentrée des fl. 693 - 30 courants que vous m'avez remis à Uso sur Weisser, je solderai votre compte. Sans cela il faut que vous me créditiez à compte nouveau des florins déduits 36 - 30, et que vous reconnaissiez que ce serait un injustice de prétendre que le commissionaire supportât une perte occasionnée par la baisse des prix après l'achat des marchandises. Cela est d'autant plus vrai, que si les prix viennent à augmenter quand les marchandises sont en route ou entre les mains des commettans, le commissionaire n'en retire jamais aucun avantage.

Je vous remets le compte des amandes que vous m'avez commises, et je vous prie de m'en créditer.

LETTRES D'EXPÉDITIONS PAR TERRE.

Num. 50.

Lettre première.

Le voiturier Jean Igel vous portera une barrique d'huile Nro. 303, pesant ℔ 2028 brut. Vous lui en payerez la voiture à raison de fl. 5. par quintal, après l'avoir reçue bien conditionnée, et vous la garderez à la disposition de M. Adolphe Mecke de Leipsick.

Num. 51.

Lettre seconde.

Vous recevrez de Laurent Bart à qui vous payerez la voiture, gros 30 par quintal

3 barriques huile Nro.	10	℔	820
	11	-	930
	12	-	740
		℔	2490
1 barril raisin . . .	13	-	240
1 dit raisin de Corinthe	14	-	650
5 Collis	brut	℔	3380

que vous retirerez bien conditionnés, pour les adresser à M. George Ficke de Gera, faisant suivre votre debours.

Num. 52.

Réponse.

Les 5 Collis, que par votre lettre du 20 du mois dernier vous me dites m'avoir expédiés, sont arrivés depuis hier duement conditionnés. Je les ai acheminée de suite avec le compte de mes frais à M. George Ficke de Gera.

Je reçois avis de M. Guillaume Micke de Nuremberg qu'il m'a expédié 3 caisses tasses du Levant Nro. 1. 2. 3. pour en disposer d'après vos ordres. Marquez-moi ce que je dois en faire, et continuez à m'honorer des vos ordres.

Num. 53.

Lettre troisième.

Je vous envoie par Jean Titse avec qui je suis convenu de la voiture à 12 gros par quintal.

3 balles coton Nro. 301 - 302 - 303

brut 204 - 258 - 307

total ℔ 769 brut

et par le voiturier Thadée Beer moyennant gros 11 par quintal

4 barriques amandes N. 304. 305. 306. 307

7 Collis brut ℔ 750 - 759 - 803 - 770

total ℔ 3081 brut

que vous addresserez, les cotons à M. Charles Krebs de Villach, et les amandes à M. Antoine Grune d'Iglaw, faisant suivre votre debours.

Si ces marchandises ne sont pas bien

conditionnées, il faut vous en prendre au charretier à qui vous retiendrez le prix de la voiture, et en aviser de suite l'ami pour compte de qui elles sont chargées, sans qu'elles souffrent le moindre retard.

Num. 54.

Réponse.

Des 7 Collis dont il est fait mention dans votre dernière du 10 du passé, j'ai reçu au tems préfix et bien conditionnées les 3 balles coton remises à Tiste; mais l'autre voiturier Thadée Beer n'est pas encore arrivé avec les 4 barriques d'amandes. Ce retard a été cause de celui que j'ai mis à vous répondre. Si le négligent Beer vient à paraître avant la réception de votre lettre, mon intention est de retirer les Collis et de lui retenir le prix de la voiture jusqu'à nouvel ordre de votre part.

Num. 55.

Réplique à la cinquante quatrième.

Monsieur Grune d'Iglaw m'ayant recommandé très-expressement la prompte expédition des 4 barriques d'amandes, je pré sume qu'il en avait besoin pour la foire d'Olmütz. Ecrivez lui donc de suite, l'informant de la négligence du charretier à qui vous retiendrez provisoirement le prix de la voiture, et vous suivrez quant à ce les ordres qu'il vous donnera.

Num. 56.

Lettre quatrième.

Les voituriers ci-après ont chargé à votre adresse savoir,

Jean Michaux au prix de gros 55 pr. ℔.

2 barrils riz Nr. 22 ℔ 588
- 23 - 724

℔ 1312 brut

pour compte de M. Antoine Grüne d'Iglaw.

Blaise Kraus au même prix

1 barrique huile . Nro. 24 ℔ 1720
1 dite amandes . - 25 - 979

℔ 2699 brut

pour compte de M. François Karlsberger d'Olmütz, et

3 barrils raisins Nro. 26. 27. 28.

℔ 240. 250. 246.

ensemble ℔ 736 brut

Vous recevrez le tout duement conditionné. Vous acheminerez les 4 premiers Collis aux dits amis avec le montant de vos frais, et vous garderez les 3 autres à ma disposition.

Num. 57.

Réponse.

Les 7 Collis Nr. 22 à 28 que dans votre dernière du 9 courant vous me dites m'avoir expédiés, me sont parvenus en bon état, à l'exception de la barrique d'huile. J'ai adressé les 2 barrils de riz à M. Antoine Grüne d'Iglaw, et la barriqne d'amandes à Monsieur François Karlsberger d'Olmutz.

Pour ce qui est de la barrique d'huile, en descendant la montagne de Planina, le timon d'un chariot qui venait après, la heurta avec tant de violence quil la défonça, de manière que l'huile se versa toute sans qu'on pût en sauver une goutte. Les voituriers sont actuellement en contestation pour savoir lequel de deux est tenu à réparer le dommage. En attendant j'ai retenu à votre disposition sur le prix de la voiture, le montant à peu près de l'huile, à celui qui l'avait chargée.

Envoyez-moi la facture avec une autre barrique d'huile pour M. Karlsberger à qui j'annonce le malheur qui est arrivé.

Je garde par devers moi les 3 barrils raisins à votre disposition. Veuillez m'honorer toujours de vos ordres.

Num. 58.

Lettre cinquième.

Vous retirerez du Sieur Thadée Gams de Laybach

4 barriques d'amandes

Nro. 304. 305. 306. 307.

℔ 750. 759. 802. 770. ℔ 3081.

Plus, de M. André Steinpock du dit lieu

2 barrils de riz Nro. 22. 23.

℔ 588. 714 - 1312

6 Collis brut ℔ 4393

Lesquels ayant reçus duement conditionnés, et trouvé le poids juste, vous les expédierez, les 4 premiers à M. Jean Teutsch d'Iglaw, et les deux autres à M. Joseph Bohm à Cremsier avec le montant de vos frais.

Num. 59.

Lettre sixième.

Monsieur Jacques Lips de Salzbourg vous remettra bien et duement conditionné.

1 barrique huile . . Nro. 300 ℔ 2028

3 balles coton Nro. 301. 302. 303.

℔ 254. 258. 257. 769

4 Collis brut ℔ 2767.

Vous adresserez l'huile à M. Tobie Koriander d'Ulm au moins de frais que possible, pour qu'il la tienne à ma disposition, et les cotons à M. François Frey de Virtzbourg, en faisant suivre vos frais et fixant la voiture au meilleur prix.

LETTRES D'EXPÉDITIONS PAR MER.

Num. 60.

Lettre première.

Je vous remets ci-inclus le connaissement des marchandises que j'ai chargées sur le navire anglais Thé Pomone, Capitaine Joseph Jansen qui n'attend plus pour son départ que le vent favorable. A son heureuse arrivée, vous retirerez le tout bien conditionné, et vous en ferez de suite l'expédition pour Magdebourg à M. George Wissen.

Je vous avertis de m'envoyer promptement, en cas de sinistre, les pièces nécessaires pour répéter de la chambre d'assurance le monrant de la perte,

Num. 61.

Réponse.

J'ai reçu dans son tems votre lettre du 10 du mois dernier avec le connaissement y inclus.

Le Capitaine Joseph Jansen ayant sçu à propos que les Français avaient déclaré la guerre à l'Angleterre, est entré à Livourne pour y attendre l'escorte de quelque vaisseau de guerre, afin de pouvoir poursuivre sa route jusqu'à se destination.

Faites part de cette nouvelle à vos assureurs pour savoir s'ils veulent concourir aux frais de la dite escorte. Ceux de notre place n'ont pas fait à cet égard la moindre difficulté, la probabilité du risque leur faisant juger la chose absolument nécessaire.

Num. 62.

Lettre seconde. De Trieste pour Altona.

Vous trouverez ci-inclus le connaissement des marchandises chargées sur le vaisseau Danois la Sirene, Capitaine Jean Simson parti depuis trois jours. Elles consistent en

4 barriques raisins de Corinthe et 150 barrils raisins secs.

au fret de fl. 45 par last et de 10 p. $\frac{0}{0}$. pour chapeau et avarie.

A l'arrivée du navire vous voudrez bien les retirer, observant qu'elles soient duement conditionnées et conformes au poids, marque et numero désignés ci-dessous, et les tenir à la disposition de M. Vito Lux de Cotbus.

Elles se montent à fl. 3740. — à quoi vous ajouterez 10 p. $\frac{0}{0}$. pour bénéfice imaginaire, nolis, frais ec. Soignez l'assurance de cette somme, et remettez en le compte à M. Lux.

Num. 63.

Réponse. D'Altona pour Trieste.

Je reçois aujourd'hui votre lettre du 10 Oct. avec le connaissement des marchandises destinées pour M. Vito Lux de Cotbus.

Le Capitaine Jean Simson eut le malheur de rencontrer une Fregatte française qui ayant examiné ses papiers, et trouvé le connaissement conçu à l'ordre, déclara le chargement bonne prise et conduisit le navire à Marseille.

Le bruit court que la majeure partie de la cargaison est pour compte de plusieurs maisons de Hambourg. Elles seront probablement soumises à la même perte que tous les autres intéressés sujets des puissances belligérantes. Car la ville de Hambourg ayant rompu la neutralité avec la Convention nationale en prohibant l'extraction des grains, (bien qu'elle n'ait pas agi en cela de son propre mouvement, mais en vertu des ordres réitérés de la diète de l'empire) on ne pourra réclamer tout ce qui sera pour compte des négocians de cette place.

Non obstant cela, notre consul résidant à Marseille a représenté à la Convention nationale qu'on devait relâcher le vaisseau arrêté ainsi que les marchandises qui seront prouvées appartenir aux négocians de Hambourg. Comme les magistrats de cette ville ne publiérent que forcément la prohibition sus-mentionnée, bien des gens espérent que la Convention aura égard au mémoire qui lui a été présenté, et que ces marchandises pourront être rendues.

Celles, au contraire, qui étaient destinées pour Cotbus sont perdues sans retour, puisqu'elles sont regardées comme bonne prise, Cotbus étant sous la domination Prussienne. Au reste, j'en avais soigné les assurances, suivant les instructions que vous m'aviez données. Je vais conséquemment m'adresser aux assureurs pour qu'ils me payent dans son tems la valeur des marchandises de M. Lux. Je lui écris aujourd'hui pour l'informer de cet accident qui, à ma grande satisfaction, ne lui occasionnera aucune perte.

Num. 64.

Lettre troisième.

Vous verrez par le connaissement ci-inclus que le Sieur Louis Duval Capitaine du navire français la Vierge chargea ces jours derniers pour compte de M. Isaac Flennes de Dresde

300 barrils raisin de Smyrne
30 barriques entières } raisin de Corinthe.
60 — — demi }
120 — — quarts }
50 barriques amandes et
150 balles coton.

Le tout au nombre et poids spécifiés dans le connaissement, et d'une manière plus précise encore, dans la portée ci-incluse.

Le Capitaine a déjà complété sa cargaison et n'attend pour faire voile que le vent favorable. A son arrivée, vous voudrez bien retirer toutes ces marchandises.

Num. 65.

Lettre quatrième.

A l'heureuse arrivée du Capitaine Charles Norberton dans votre port, vous recevrez de lui les Colis désignés dans le connaissement ci-inclus.. Vous les tiendrez à la disposition de M. Antoine Klincke de Dantzick.

POUR LIER DES AFFAIRES DE COMMERCE.

Num. 66.

Lettre première.

Monsieur Elie Ruhleb de Cotbus, notre ami commun m'a fait le rapport le plus avantageux de votre manière de travailler. Comme elle est conforme à la mienne, je me suis déterminé à entrer avec vous dans un cours d'affaires suivi. Je vous prie en conséquence de me marquer les prix les plus exacts de toutes vos marchandises, avec les conditions sous lesquelles vous avez coutume de traiter avec vos amis.

Monsieur Ruhleb lui-même, M. Jean Wichelsen d'Altona et bien d'autres encore sont en état de vous informer parfaitement de mes facultés. Vous pourrez là dessus vous adresser à eux, si vous agréez la proposition que je viens de vous faire.

Num. 67.

Réponse.

La manière dont je serai toujours porté pour vos interêts, vous convaincra que je ne chercherai en tout qu'à faire honneur aux témoignages flatteurs que vous a donnés sur mon compte, M. Elie Ruhleb notre ami commun.

Je vous envoie un prix-courant des marchandises de notre place. Vous ajouterez ma commission de 2 p. $\frac{0}{0}$. à mon débours pour achat, coût des barriques, porte-faix et autres frais nécessaires; ce que vous verrez encore mieux par le compte simulé que je vous remets ci-joint.

En me donnant vos commissions, vous m'indiquerez à Vienne une maison sur laquelle je pourrai me prévaloir à 2 mois de date, du montant des marchandises dont je vous aurai remis le connaissement.

Je me flatte que ces conditions pourront vous convenir. J'attends conséquemment votre avis là dessus, ainsi que vos ordres que je regarderai toujours comme des preuves de votre confiance.

Le Capitaine Jonathan a chargé les marchandises de poids à fl. 60, et les légères à fl. 70 courants de Hollande le last, c'est-à-dire, le 4000 ℔ poids de Hollande, à quoi il faut ajouter 10 p. % pour avarie, chapeau ec.

Le Capitaine Thomas Topchen est actuellement en charge. Il nous passe le nolis à 10 florins de moins.

Le raisin de Corinthe a baissé de 6 p. % et celui de Smyrne de 4 p. %. Ces prix pourront se soutenir, quelques semaines jusqu'à l'arrivée des commissions d'Allemagne qui nous sont données ordinairement pour l'eté. Il est probable qu'il augmenteront à cette époque.

Au reste, je crois qu'il est de votre interêt que vous me donniez promptement vos ordres pour tout ce dont vous pouvez avoir besoin, afin que je puisse profiter des prix actuels qui sont assez discrets.

Les assurances à tout risque pour votre place se font à 3 p. %.

Num. 68.

Lettre seconde.

Monsieur Antoine Gratzmayer mon ami particulier est si satisfait de la manière dont vous soignez les interêts de vos correspondants, qu'il na pu s'empêcher de me donner votre adresse.

Si vous voulez en agir avec moi comme vous le faites avec lui, je vous prie de me marquer le juste prix de vos marchandises, avec les conditions que vous exigez ordinairement, afin que je puisse connaître quel genre de commerce il nous conviendrait entre nous pour notre mutuel avantage.

Num. 69.

Lettre troisième.

Loin de me résoudre à faire le commerce avec votre place, je n'en aurais pas seulement eu l'idée, sans M. François Francke qui en m'addressant à vous m'a encouragé à cette entreprise.

C'est pourquoi je vous prie de m'envoyer un prix-courant bien exact de toutes vos marchandises, et de me marquer les prix de voiture et les frais depuis chez vous jusqu'à Nuremberg, avec les droits auxquels sont soumis les principaux articles. Vous y ajouterez encore le rapport de votre poids et de votre monnaie avec Francfort, et vous m'indiquerez la place sur laquelle vous voulez être remboursé.

Calculez les prix sur des remises très-courtes que je vous ferai, à la réception de la facture. M. Charles Redgers d'Amsterdam pourra vous donner relativement à ma maison et à ma manière de traiter les affaires, tous les renseignements que vous désirerez.

Num. 70.

Réponse au Num. 69.

Avec votre chère lettre du 12 du passé, j'en reçois une de M. Francke à qui je dois l'honneur de votre connaissance.

Vous verrez dans le prix courant ci-inclus, les prix de toutes les marchandises qui forment le principal objet de mon commerce. A cela vous ajouterez ma commission de 2 p. %. les frais de tonelier, porte-faix, et autres qui sont inévitables.

Les 100 ℔ de notre poids rendent 119 ℔ poids subtil de Francfort, ou 109 ℔ gros poids. L'on compte communément 110 ℔ grosses ou 120 ℔ petites pour 100 ℔ de nôtres; mais cette évaluation n'étant pas exacte, vous ferez mieux d'appuyer vos calculs sur la première proportion.

Notre monnaie est plus forte que celle de Francfort de 20 p. %. Car 120 fl. de celle-ci font 100 fl. courants de Vienne, ce qui est notre valeur.

Les prix de voiture sont sujets à varier, comme ceux des marchandises sont susceptibles de hausse et de baisse. Cependant on convient ordinairement de ceux là, de fl. 3 à 4 par quintal d'ici à Salzbourg première place où l'on adrésse immédiatement tout ce qui est expédié pour chez vous; et de Salzbourg à votre ville, de fl. $1\frac{1}{2}$ à $2\frac{1}{4}$.

Les droits de transit sont si légers qu'ils ne méritent pas qu'on s'y arrète. Par exemple l'huile et le coton payent fl. $1\frac{1}{3}$ par quintal.

L'usage est de faire les payements en lettres de change sur Vienne, ou bien d'indiquer un banquier de cette ville sur lequel on puisse se prévaloir, à l'expédition, du montant des marchandises.

Il ne me reste plus qu'à attendre les ordres dont vous voudrez m'honorer.

Num. 71.

Lettre quatrième.

Monsieur Martin Nitrain de Vienne a eu la bonté de nous donner l'adresse de votre maison, en nous assurant que l'article des cires formant la principale branche de votre commerce, vous êtes en état de nous procurer de la marchandise de première qualité, et de nous faire jouir d'une douceur dans le prix. Comme nous n'avons jamais rien tiré de votre place, et que nous ne connaissons ni les prix et la différence des qualités de cet article, ni le poids et la monnaie du pays, ni les conditions usitées chez vous dans le commerce, nous vous prions de nous en informer exactement. Pleins de confiance en votre honnêteté qui nous est connue, nous voulons, en attendant, faire un essai. Vous pourrez conséquemment nous envoyer 2 barriques de cire, chacune de 1000 ℔, par la voie de M. Nitrian lui-même. Vous vous prévaudrez, si vous le voulez, sur cet ami, du montant de votre facture, et comptez que tout honneur sera fait à votre traite. La satisfaction que nous attendons de cet essai, nous enhardira à vous donner des commissions plus conséquentes et plus avantageuses pour vous.

Nous désirerions encore pour notre règle, que vous nous marquassiez en réponse quelle est chez vous la saison la plus favorable à l'achat des cires.

Num. 72.

Réponse.

Nous sommes très-reconnaissants envers notre ami commun M. Nitrain de Vienne, de nous avoir procuré l'honneur de votre connaissance, et de nous avoir fourni en cela le moyen de mériter votre confiance par notre honnêteté et notre exactitude.

Nous avons pris note des 2 barriques cire que vous nous avez commises en date du 2 du passé; mais comme vous ne nous marquez pas la qualité, nous nous contenterons pour le présent de répondre aux demandes que vous nous faites, pour ne pas vous exposer à quelque perte, et nous à ce que la marchandise nous soit laissée pour notre compte.

La principale branche du commerce des cires est entre les mains des juifs qui vont recueillir par les campagnes cet objet, dont partie est vendue ici pour comptant, et partie est expédiée à Berlin.

Vous trouverez ci-dessous la différence des prix et des qualités. Vers la fin de l'eté on obtient ordinairement cet article au meilleur marché possible. On traite à Steinen pesant l'un 32 ℔ poids d'ici, ou $23\frac{1}{3}$ ℔ poids de Vienne.

Notre monnaie est de beaucoup inférieure à celle de convention, tandis que notre sequin, comme celui de Hollande, passe dans le commerce pour fl. 18.

Notre change sur Vienne est d'un sequin pour fl. 4-22 courants de Vienne, plus ou moins.

On peut expédier d'ici en droiture pour cette ville, et l'on convient ordinairement du prix de la voiture à fl. 6 courant de Vienne pour 100 ℔ même poids.

D'après ces détails vous pourrez aisément faire votre calcul. Nous ne doutons pas que vous ne trouviez une grande différence entre les prix que nous vous désignons, et ceux que vous auriez à payer de la seconde ou de la troisième main. Si vous ne nous augmentez pas la commission que vous nous avez donnée, nous espérons que vous voudrez au moins nous la confirmer pour faire un essai. Nous vous ferons alors l'expédition par la voie de M. Nitrain, et pour le montant de la facture nous tirerons selon votre ordre, sur cet ami, pour votre compte, payable à 2 mois de date.

LETTRES POUR DEMANDER DU CREDIT.

Num. 73.

Lettre première.

La lettre circulaire ci-incluse vous donne l'avis que je me suis établi sur cette place après avoir fait conster de l'existence des fonds requis à cet effet.

Ayant besoin, pour mes affaires de banque d'une maison où je puisse trouver un crédit proportionné à mes facultés, j'ai cru devoir m'adresser à vous de préférence. Ayez dont la bonté de me marquer, le plutôt possible, si vous consentez à vous charger des dites affaires, et à quelles conditions. Vous me direz, dans ce cas, jusqu'à quelle somme je pourrai me prévaloir sur vous à l'occasion.

Vous pouvez prendre toutes les informations que vous voudrez sur mon compte. Je suis bien sûr que tout honnête homme ne vous en donnera aucune de défavorable.

Num. 74.

Réponse.

Je souhaite de tout mon coeur que la fortune dirige votre établissement, et qu'elle couronne toutes vos entreprises.

En réponse à votre chère lettre du 14 courant, je dois vous dire que je n'ai aucune difficulté à me lier d'affaires avec vous, et que je ferai au contraire tout ce qui dépendra de moi pour soigner vos interêts, ayant le plaisir de vous connaître personellement depuis longues années, et étant informé comme je le suis de votre probité. Il ne tient donc qu'à vous de commencer, quand il vous plaira, quelque affaire entre nous deux.

Mes conditions sont les mêmes pour tous mes amis, savoir : pour la rentrée des effets payables ici, je prends $\frac{1}{3}$, et pour celle de ceux payables ailleurs ½ p. %. Les interêts se passent en compte mutuellement à 6 p. %., avec 1 p. mille de courtage.

Pour le moment vous trouverez chez moi un crédit de six mille florins, avec l'obligation toute fois de me rembourser ponctuellement et avec ordre. Par la suite ce crédit pourra augmenter en cas de besoin, selon les circonstances.

Num. 75.

Lettre seconde.

Ayant assez de succès dans le commerce que j'ai commencé depuis le premier de Janvier de cette année, je dois me procurer une maison à laquelle je puisse confier dorénavant mes affaires de banque. Je m'adresse à vous dans cette vue. Si des raisons à moi inconnues ne vous empêchent d'accéder à ma demande, vous voudrez bien me marquer en réponse votre sentiment et vos conditions là dessus et me dire si je pourrai compter sur un crédit médiocre.

Num. 76.

Lettre troisième.

J'ai commencé depuis quelque tems à faire

quelque commerce avec votre place. Comme il me faut une maison avec laquelle je puisse faire en banque, j'ai cru devoir choisir la vôtre. Si vous agréez ma proposition, vous aurez la bonté de me dire ce que vous passez de commission pour la rentrée des fonds soit sur celles qui vous avoisinent, et de m'assurer si par la suite je pourrai compter sur l'acceptation des traites que je serai au cas de fournir sur vous.

Num. 77.

Lettre quatrième.

Cette lettre circulaire est pour vous apprendre que je me suis tout-à-fait séparé de M. Bär mon associé, et qu'à l'avenir les affaires se feront toutes pour mon compte.

Il ne me reste plus à présent qu'à savoir vos intentions, c'est-à-dire, si vous êtes bien aise de vous charger à l'avenir de mes affaires de banque aux mêmes conditions que par le passé, et si vous voulez m'accorder un crédit raisonnable comme vous avez fait à la société dissoute.

Je ne vous dis pas de vous informer de ma conduite et de ma façon d'agir. Je pense que dans l'espace de dix ans vous vous en êtes mis assez au fait, pour n'avoir plus rien à désirer à cet égard. J'attends donc au plutôt votre détermination qui doit me servir de règle.

Num. 78.

Lettre cinquième.

Pendant vingt ans consécutifs j'ai fait en banque avec les frères Steinbart dont la faillite m'a surpris et affligé. Ce coup si fatal pour eux a rompu naturellement notre ancienne liaison d'affaires, et me force de m'adresser à une autre maison. J'ai choisi la vôtre, et je vous prie, ci cela peut vous convenir, de m'en instruire par premier courrier, et de me marquer vos conditions.

Num. 79.

Lettre sixième.

Comme mes affaires s'étendent toujours plus d'une année à l'autre, j'ai besoin d'un crédit plus grand que celui que vous m'avez accordé jusqu'ici, pour pouvoir les poursuivre avec toute la vigueur qu'elles exigent, et avec beaucoup plus de facilité.

Vous m'avez honoré, nombre d'années, de votre confiance, et je crois de mon côté vous avoir fourni, dans le cours de nos affaires, assez souvent l'occasion de juger de mon exactitude. Dites-moi donc avec franchise si vous êtes porté à augmenter un peu plus votre confiance à mon égard, en m'ouvrant un crédit de dix mille florins.

Num. 80.

Réponse à la précédente.

Parfaitement convaincu de votre exactitude assez prouvée par une liaison d'affaires de plusieurs années, je suis prêt à vous accorder avec le plus grand plaisir, tout ce qui peut contribuer à entretenir votre amitié. Aussi n'ai-je pas la moindre difficulté de porter, comme vous le désirez, jusqu'à dix mille florins, le crédit que je vous ai donné jusqu'à présent : et pour vous témoigner encore mieux le désir de vous être utile, je veux vous laisser la liberté de me rembourser sur la place que vous jugerez à propos.

Prévalez-vous donc aussi souvent que vous le voudrez, et disposez de moi en toute rencontre, dans la pleine persuasion que vous me trouverez toujours prêt à vous servir.

LETTRES POUR DEMANDER DES INFORMATIONS.

Num. 81.

Lettre première.

Monsieur Antoine Mohr m'a donné une commission considérable en diverses marchandises. Comme je ne le connais pas personnellement, et que j'ignore autant ses facultés que son caractère, je vous prie de me dire franchement si c'est un homme industrieux, honnête, entendu dans les affaires, et à quoi ses fonds peuvent à peu près se monter. Ne vous demandant ces informations que pour moi seul, je vous assure que votre lettre sera brûlée, lecture faite.

Num. 82.

Réponse.

La personne sur laquelle vous me demandez des informations par votre lettre du 19 du mois dernier, est réfléchie dans ses entreprises, exacte dans ses payements, fidelle à sa parole, et infatigable dans le travail. Elle réunit en outre des connaissances essentielles qui la rendent digne d'être préférée à bien d'autres, quoiqu'en différentes occasions elle soit tournée en ridicule par ceux qui ignorent la voie qui conduit à toutes ces qualités si nécessaires à un honnête négociant, ou qui négligent de la tenir.

Sa fortune n'est, à la vérité, que médiocre ; mais elle est la règle de sa dépense et de sa manière de vivre.

Quant à moi, je n'aurais pas la moindre peine de lui confier à l'occasion 4 à 6000 florins.

Num. 83.

Lettre seconde.

Monsieur Charles Fiala d'Olmuts, avec lequel je n'ai fait aucune affaire depuis plusieurs années, vient de me donner une commission qui pourra se monter à environ 6 à 7 mille florins, se réservant de me faire mon remboursement en remises au terme d'usage.

Comme dans cet intervalle ses affaires, qui étaient en bon état, auraient pu dégénerer, je vous prie de prendre des renseignements exacts sur son compte, et de me les communiquer au plutôt. Soyez sûr que je garderai tout le secret requis en pareil cas, et que dans semblable occasion comme dans tout autre, je serai toujours disposé à vous être utile.

Num. 84.

Réponse.

D'une année à l'autre les affaires de M. Charles Fiala se sont considérablement améliorées, attendu que sa seule fabrique de draps lui fait annuellement un revenu de 20 à 25,000 fl. Je ne vois par conséquent aucun danger pour vous à effectuer la commission qu'il vous a donnée. Je désire au contraire (pour repondre à ce que vous me marquez en date du 2 courant) qu'il vous commette toutes les marchandises dont il aura besoin, et que cette occasion-ci qui vous sera très-avantageuse, puisse vous assurer sa pratique pour tout le tems que durera son commerce avec un succès si heureux.

Num. 85.

Lettre troisième.

Faites-nous la grace de nous dire franchement si nous pouvons confier sans crainte à M. Guillaume Stix, 2 à 3000 florins, et si cet homme n'est point par hasard un esprit contentieux et processif. Nous nous reposons sur votre amitié, et nous vous promettons de tenir votre réponse dans le plus grand secret.

Num. 86.

Réponse.

Si M. Guillaume Stix voulait m'acheter des marchandises pour la valeur de 6000 fl. et plus, je ne me ferais pas la moindre difficulté de les lui livrer. J'aurais seulement la précaution d'exiger de lui qu'il les reçût en personne, et qu'il signât le compte, déclarant expressement qu'il est content des effets reçus et que le montant en est juste.

Num. 87.

Lettre quatrième.

La présente est pour vous demander si M. Antoine Krell peut mériter un crédit de 5 à 600 fl.; si c'est un homme actif et incapable de former des prétentions injustes. Nous espérons que vous nous ferez le plaisir de nous instruire de tout cela, et nous vous promettons de garder le plus profond silence sur ce que vous nous direz.

Num. 88.

Lettre cinquième.

Croyez-vous que je puisse avancer sans risque à M. Ignace Strauss la somme de 7 à 8000 fl.? quel est l'état de ses affaires? Est-ce un homme prudent? Quelles sont ses facultés? Il m'importe d'autant plus d'être informé de toutes ces choses, que mon interêt s'y trouve engagé. Parlez librement et reposez-vous sur ma discretion.

Num. 89.

Lettre sixième.

Je vous ai crédité de fl. 580-50 que vous m'avez remis par votre lettre du 11 courant sur Frédéric Haring, ainsi que de fl. 1017-22 courants montant des marchandises que vous m'avez expédiées en dernier lieu. Je vous ai débité au contraire de fl. 1024-— et de fl. 573-32 courants pour vos deux traites que j'ai déjà payées.

Ceci me fournit occasion de vous demander ce qui est cause que sur votre place les prix ne sont jamais uniformes. Certains jours de courier je reçois de chez vous six et même huit lettres d'offres de service, et je trouve beaucoup de différence entre les prix d'un même article. Tout cela cause de la confusion, et prouve que votre place en comparaison des villes maritimes bien réglées, n'a aucun système soutenu ou du moins qu'elle n'a qu'un système précaire et sans ordre, aussi préjudiciable à elle-même qu'au commerce.

Pour satisfaire ma curiosité sur ce point essentiel, dites-moi encore, je vous prie, à quel prix vous pourrez me céder actuellement le coton de Smyrne de première qualité,

---

Num. 90.

Réponse.

Vous me demandez „pourquoi les prix ne sont jamais uniformes sur notre place," et cette irrégularité vous fait conclurre que „nous n'avons aucune marche suivie ou que si nous en avons une, elle n'est que précaire et sans ordre." Je réponds à votre demande.

Qu'il n'est malheureusement que trop vrai, qu'au grand préjudice du commerce, chacun a ici la liberté de fixer les prix à sa fantaisie. Il résulte de cela que tantôt ils sont exorbitants, et que tantôt sur de faux bruits ou sur des avis imaginaires, la marchandise est offerte en sous du prix-courant. Si ensuite elle ne baisse pas réellement, il faut ou en faire manquer le commettant par de vains prétextes, ou recourir à un mélange illicite de la bonne qualité avec la commune.

Ceux qui s'en tiennent rigoureusement au cours journalier sont en très-petit nombre. Aussi leurs correspondants, se trouvent embarrassés, deviennent méfiants, et s'ennuyent à la fin de toutes les variations irrégulières que vous nous reprochez.

Par rapport à la conséquence que vous tirez, je dois vous dire que nous avons bien un système; mais il ne touche point encore à ce dégré de perfection où ont porté le leur tant d'autres villes maritimes qui par le laps du tems l'on établi avec tant d'utilité sur un pied fixe et permanent.

Je sais avec bien d'autres négociants d'ici, qu'à Amsterdam, à Hambourg et en plusieurs autres ports de mer, les premiers courtiers réglent les prix une, deux et même plusieurs fois la semaine, selon les occurrences; qu'ensuite ils les présentent aux députés de la bourse pour la révision et l'approbation; après quoi ces prix sont publiés pour servir de régle aux négociants.

Il ne faut donc pas s'étonner de trouver tant d'ordre dans toutes ces places formées depuis des siècles. La nôtre au contraire, nous l'avons vu naître seulement dès l'année 1719, époque où elle a été déclarée port-franc.

En attendant nos députés de la bourse travaillent avec la dernière assiduité à établir un système solide et utile.

Pour ce qui est du coton de Smyrne de première qualité, beau et net, je pourrai vous en procurer actuellement à fl. 44. Honorez-moi de vos ordres, et comptez sur toute mon exactitude à les remplir.

POUR AFFAIRES DE BANQUE.

Num. 91.

Lettre première.

Par ma lettre du premier courant je vous ai remis fl. 3740 - 12 banco, en cinq appoints.

Ci-joint vous trouverez encore

fl. 1010 - 10 sur J. R. Hammerich, traite de Rudolphi au 10 du prochain.
- 795 - 12 sur N. Niemann, traite de Mayer à 14 jours de vue.
- 578 - — } sur G. Hufland, traite de
- 495 - 10 } Zerbes à 3 jours de vue.

fl. 2879 - 12 banco dont vous voudrez bien procurer le nécessaire, et me créditer.

Par contre je me suis prévalu sur vous à 2 mois de date de

fl. 978 - 10 à l'ordre d'Amédée Bartsch
- 892 - 10 — — Guillaume Morus

fl. 1871 - — banco. Veuillez accueillir ma traite et me débiter du montant. Je vous recommande la même chose dans le cas que M. Charles Riedersdorf de Hambourg vous fît traite de fl. 2000 ou tout au plus de fl. 2500 banco, pour mon compte.

Num. 92.

Réponse.

Vous m'avez remis en date du premier courant fl. 2879 - 12 banco en diverses lettres. J'en soignerai dans son tems la rentrée et je vous en donnerai crédit. Vos traites de fl. 1871 - — seront accueillies et vous en serez débité. Il en sera de même dans les cas que M. Riedersdorf de Hambourg se prévalût sur moi pour votre compte, de fl. 2000 jusqu'à fl. 2500.

Vous trouverez incluses deux Premières de fl. 1060 } courants, sur M. Walzer de
- 1000 } votre ville.

Il vous plaira d'en procurer l'acceptation, et de les tenir à la disposition des Secondes duement endossées.

Num. 93.

Lettre seconde.

Les remises que par votre lettre du 26 du passé, vous m'avez faites de fl. 2780 - 10 en trois appoints, ont été acceptées, payées et portées à votre crédit.

Vous me donnez avis en date du premier courant que vous m'avez fait diverses traites se montant à fl. 3475 - —, banco; je les ai acceptées de suite, et à l'échéance vous en serez débité.

Par votre troisième lettre du 6 courant j'ai reçu vos trois remises de fl. 2140 - — banco en tout, parmi lesquelles celle de fl. 345 - 20 sur M. Jean Kernbeiss à 3 jours de vue, quoiqu'acceptée comme les deux autres, n'a pas été payée malgré que le second terme accordé de votre ordre, soit expiré. Cet homme passe pour n'avoir qu'un capital médiocre, mais il est industrieux et pour l'ordinaire assez exact dans ces payements. Son inéxactitude actuelle vient, à ce qu'on prétend, de l'entreprise d'un affaire peu proportionnée à ses forces, et qui prend toutefois une tournure de plus favorables. Marque-moi en réponse ce que je dois faire.

Quand j'aurai reçu de Messieurs Brandi et Quil de Londres les marchandises dont vous me parlez, je les expédierai par le premier navire qui fera voile pour votre port, et j'accueillerai les traites de ces amis pour les porter à votre débit.

Je chargeai hier sur le capitaine Laudensée qui n'attend plus que le vent favorable, les marchandises dont je vous envoie le connaissement. Pour mes frais, il vous plaira de me créditer de
fl. 142 - 12 banco selon la note que vous trouverez ci-dessous.

J'entends parler d'une manière peu favorable de M. Nicolas Seisser de votre ville, avec lequel je suis lié d'affaires depuis peu. Si vous voyez qu'il y ait véritablement lieu de craindre, faites usage de la procuration que je vous fais passer sous ce pli avec le compte-courant, et tâchez de sauver ce que vous pourrez à un ami qui dans pareille occasion comme dans toute autre, serait disposé à vous rendre le réciproque.

Num. 94.

Réponse.

En répondant à votre chère lettre du 18 courant, je passerai sous silence tous les objets sur lesquels nous sommes d'accord.

M. Kernbeiss m'a écrit lui-même et m'a marqué clairement la raison que l'a empêché jusqu'à présent de payer la traite que je lui ai faite.

Cet homme ayant toujours été exact, comme vous me le dites, et ne paraissant pas y avoir du risque avec lui, vous pouvez lui accorder encore un terme de deux mois. J'aime mieux m'exposer à perdre quelque chose, que de porter coup à une personne qui jouit d'une bonne réputation.

J'attends avec impatience l'arrivée du capitaine Laudensée, parceque j'ai besoin pour la prochaine foire de Francfort, d'une partie des marchandises qu'il a chargées pour mon compte. Je vous ai déjà donné crédit de vos frais.

Je ne crois pas absolument que vous ayez à courir le moindre danger avec M. Nicolas Seisser. C'est un homme qui par son habilité, son assiduïté et sa prudence dans les affaires, mérite l'estime et la confiance de tout le monde. Il est vrai qu'il a peu d'amis, et que la jalousie lui a fait beaucoup d'ennemis; mais je regarde comme un effet de la calomnie tout ce qu'on a pû vous écrire de désavantageux sur son compte, et les calomniateurs ne sont pas rares chez nous.

Tout ses envieux lui ont tendu plus d'une fois des piéges pour avoir occasion de le décréditer. Jusqu'à présent leurs efforts n'ont tourné qu'à leur confusion, et je ne doute point qu'il en arrive de même en cette rencontre. Je vous renvoie en conséquence votre procuration et le compte-courant.

Num. 95.

Lettre troisième.

Ci-inclus je vous remets sur Amsterdam d'aujourd'hui à six semaines de date Rixdal. 980-24 } sur Samuel Falckner, traites
- 750-38 } d'Aste et Balde.
- 5000-— sur Brand et Broecke, traite de Mohr.
- 793-13 ma traite sur G. H. Waltgens

Rd. 7524-25 banco.

J'espère qu'il vous réussira aisément de les négocier à 91 $\frac{3}{4}$.

Faites m'en le retour en remises sur Londres à 46 $\frac{3}{8}$, ou sur Augsbourg à 102 $\frac{1}{2}$. S'il ne vous est pas possible de le faire à ce cours, vous me donnerez note du produit de la négociation sur Amsterdam pour que je la passe de conformité. Cette négociation ne doit pas manquer d'avoir lieu, d'autant plus que chez vous le papier sur cette dernière place est, à ce qu'on me dit, fort recherché dans ce moment. Pour le reste vous attendrez mes ordres.

Num. 96.

Réponse.

Votre lettre du 25 du mois dernier me

porte sur Amsterdam Rixdalers 3524-25 banco.

Ce n'est qu'avec bien de la peine que je suis parvenu à les négocier à $91\frac{3}{4}$, parce que le papier sur cette place a été envoyé ici de différents endroits en commission, et divers l'on cédé aujourd'hui à $92\frac{1}{4}$. Je vous ai crédité, pour cette partie, de L. 36877-12 piccoli.

Le retour sera encore bien plus difficile puisque, le dernier jour de courrier, toutes les lettres sur Augsbourg ont été enlevées et payées jusqu'à $101\frac{7}{8}$. Le papier sur Londres est devenu très-rare. Malgré tout cela, j'ai pu obtenir sur cette dernière place

L. 120 - — sur Jansen et fils, traite de G. Carina.

- 184 - — sur Wilson et Comp., traite de F. Trutta

L. 304 - — sterlin que vous trouverez ci-inclus, et dont vous voudrez me créditer au change de $46\frac{3}{8}$ en L. 15103 - 6 piccoli.

Il est bien vrai que vous m'avez recommandé, expressement d'attendre vos ordres ultérieurs, dans le cas que je ne trouvasse pas sur Londres ni sur Augsbourg, au cours que vous m'avez limité. Cependant comme le change sur votre place est avantageux, j'ai cru devoir en profiter et vous remettre encore sur elle

fl. 840 - — - 1060 - — - 1100 - —	sur Hoff et Beitler, traites de L. Servazi.
- 1000 - —	sur N. Gebhard, traite de Corona et Comp.

fl. 4000 - — courants.

Si vous voulez en faire usage à 197, vous m'en donnerez crédit en

L. 19896 - 7 piccoli, et si vous ne vous en accommodez pas, vous en soignerez l'encaissement pour mon compte. Y'ayant encore cinq semaines à courrir d'ici à l'échéance, je vous dirai la manière dont j'entends en disposer, après avoir reçu votre réponse.

Num. 97.

Réplique.

J'apprends avec plaisir par votre chère lettre du 4 courant, que vous avez tiré bon parti des Rixdalers 3524 - 25 banco sur Amsterdam. Je vous en ai débité à $91\frac{3}{4}$ en

L. 36877 - 12 piccoli, conformément à ce que vous me marquez.

Vous me remettez en même tems

L. 304 - — sterl. sur Londres, à $46\frac{3}{8}$ et fl. 4000 - — courants en quatre appoints sur deux maisons de notre place lesquelles les ont déjà acceptés.

Comme dans cette affaire vous avez procuré mon avantage, j'accepte bien volontiers, pour mon compte, à 197 les fl. 4000 - — payables ici, et pour ces deux parties vous êtes crédité en
L. 34990 - 13 piccoli.

J'ai, en cette rencontre, un double motif, de vous témoigner ma satisfaction et ma reconnaissance, bien que je doive quelque chose au hasard, attendu que ni vous ni moi ne pouvions prévoir que le papier sur Auguste si recherché à 101, il y a huit jours, dût tomber tout-à-coup à $100\frac{1}{4}$. Si vous eussiez employé tous mes fonds à me faire les retours que je vous demandais, mon spéculation aurait été tres-mauvaise, d'autant plus que les lettres sur Londres ne peuvent aujourd'hui se négocier au de-là de 10 - 10. Il est vrai que je m'en mets fort peu en peine, puis qu'elles ne doivent pas manquer de reprendre faveur vers l'échéance.

Num. 98.

Lettre quatrième.

Vous avez bien raison dans votre chère lettre du 14 courant, de ne chercher la cause du calme où sont parmi nous les affaires depuis deux mois, que dans la triste et critique situation du commerce produite par les diverses faillites qui ont éclaté à Londres, à Hambourg, à Marseille, à Cadix et jusques sur notre place.

Remercions Dieu d'avoir éloigné de nous et d'avoir dissipé cet orage sans qu'il nous ait occasionné la moindre perte. Il y en a certainement bien peu qui avec des affaires aussi étendues que les nôtres aient eu le même bonheur.

Veuille le Ciel nous épargner à l'avenir de pareils désastres, et secourir tant de malheureux qui ont été entièrement ruinés pour s'être trouvés exposés au naufrage. Sans doute il y a parmi eux beaucoup d'honnêtes gens qui, dans un instant se voyent tomber sans leur faute, d'un état d'aisance dans la plus affreuse misère. Accident fatal, à la vérité, mais en même tems instructif pour tous les négociants vains et présomtueux, et pour les millionaires mêmes.

Maintenant que la confusion et la méfiance universelle, occasionnées par ces fâcheuses circonstances, diminuent journellement, on peut de nouveau entreprendre, avec assurance quelques affaires. C'est pourquoi je vous remets pour mon compte les trois incluses de

fl. 1800 - — sur Gewaltsmann et Comp., de van Growen au 25 Avril.
- 1387 - — sur Krebs et fils, traite de Louthier au 16 Mai; et
- 1500 - — en Rixdal. 1000 - — sur Moise Meyer, traite de J. Schlegel à 3 jours de vue

fl. 4687 - — courants qu'il vous plaira d'encaisser et de porter à mon crédit.

A la rentrée de ces trois parties, si vous trouvez que le change sur cette place me soit avantageux, vous m'en ferez le retour à votre commodité. Du papier sur d'autres places ne peut me convenir pour cette fois.

Num. 99.

Réponse.

La poste étant arrivée aujourd'hui assez tard et contre l'ordinaire, je n'ai pas eu le tems de procurer l'acceptation des trois remises de fl. 4687 - — que me porte sur divers, votre lettre du 25 du passé. Demain je les présenterai sans faute, et si par premier courrier je ne vous mande rien de contraire, vous pouvez les tenir pour acceptées. A l'échéance je les exigerai pour votre compte, et vous en ferai le retour, à votre plus grand avantage, de la manière que vous me le prescrivez.

Au moment que je reçus votre lettre je songeais à vous écrire pour être le premier à renouveller notre correspondance. Vous m'avez prévenu, et si sous ce rapport vous m'avez privé d'un plaisir, vous m'en avez abondamment dédommagé pour m'avoir surpris si agréablement.

Ci-joint je vous remets
L. 250 - — sterl. sur Guillaume Glasgow de

Londres, traite de Stock et Comp. Il vous plaira de les négocier au mieux pour mon compte, et de m'en donner avis de suite pour que j'en passe écriture.

Je vous recommande également mes traites à six semaine de date, de

Rixdal.	628 - 48	à l'ordre de George Jäger
—	520 - —	à l'ordre de François Mohr.
—	348 - 12	

Rixdal. 1497 - 10 banco que vous voudrez bien accepter et payer à mon débit.

Le papier sur votre place manque chez nous; il s'est négocié aujourd'hui jusqu'à $143\frac{3}{4}$. Le change sur Hambourg est à 147 sans demandes. Le Paris est offert de $12\frac{1}{2}$ à $12\frac{3}{16}$ sans preneurs.

LETTRES POUR DIFFÉRENTS SUJETS.

Num. 100.

Lettre première.

Votre dernière me porte l'avis de l'expédition des marchandises que je vous ai commises. J'aurais soin de les retirer à leur arrivée, et les trouvant bien conditionnées je vous créditerai de leur montant.

Pour ne pas vous laisser en debours, je vous remets ci-inclus.
fl. 1076-20 courants sur M. Heyerer, traite de F. Dauz au 20 du prochain. Il vous plaira d'en soigner la rentrée et de m'en donner crédit.

Si vous avez du caffé de St. Domingue, petit, verd et de bonne odeur, expédiez m'en de suite un tierçon au plus juste prix, par la première voiture qui viendra ici directement, fixant le terme auquel il doit être consigné.

J'ai eu avis de Messieurs Alexandre frères de Marseille, que le capitaine Anderson, commandant le navire l'Amélie, est parti de chez eux depuis le 10 du mois dernier. Je vous envoie le connaissement des marchandises qu'il a chargées pour mon compte. Comme je ne veux courrir aucun risque, vous voudrez bien, ma lettre reçue, faire assurer au mieux possible par une de vos chambres, L. 13757-18 tournois (montant des dites) en sus 10 p. §. compris pour nolis, frais et bénéfice imaginaire. Vous m'aviserez du tout pour en être crédité. A l'heureuse arrivée du capitaine, vous retirerez ces marchandises que vous m'expédierez incessamment par M. Ignace Waltzer de Laybach, après m'en avoir prévenu et m'avoir remis le compte de vos frais.

Vous m'obligeriez infiniment de chercher

à me débarrasser d'une partie de bois de Campêche, coupe d'Angleterre. Si vous le vouliez pour votre compte je pourrais vous le céder franc de tous frais à fl. 4, et si vous trouvez à m'en défaire ailleurs, je vous passerai volontiers 2 p. $\frac{o}{o}$. de commission. Pour ne pas écrire si souvent je vous envoie sous ce pli une assignation dont vous pourrez faire usage au besoin.

Se peut-il bien que jusqu'à présent on n'ait eu d'aucun endroit, aucune nouvelle du capitaine Huidson? J'en suis plus qu'étonné, et je regarde comme un bonheur, que vous ayez fait assurer ce qu'il a pour mon compte.

Num. 101.

Réponse.

J'ai reçu votre chère lettre en date du 5 courant laquelle m'annonce que vous retirerez les marchandises que je vous ai expédiées, et que vous me créditez de leur montant. Je ne puis qu'approuver vos dispositions à cet égard. La même me porte fl. 1076-20 courants sur Heyerer, desquels je procurerai le nécessaire et vous créditerai.

A l'arrivée du capitaine Anderson j'aurai soin de recevoir les effets dont vous m'avez envoyé le connaissement, et je suivrai scrupuleusement vos ordres par rapport à la manière d'en disposer. Leur montant est déjà assuré; je vous en remets la note d'après laquelle vous voudrez bien me donner crédit de fl. 122 - 46 courants.

Pour ce qui est du bois de Campêche que vous m'offrez, j'en serais dans ce moment-ci fort embarrassé, et ne puis conséquemment le prendre pour mon compte; mais je n'oublierai rien pour vous en tirer parti. Je ferai usage de votre assignation, et vous instruirai dans son tems de l'effet de mes démarches.

Le capitaine Huidson fut surpris entre la Sicile et la Calabre par un orage si violent qu'il se vit contraint de jetter diverses marchandises à la mer, perdit deux mats, deux ancres et la plûpart de ses voiles. Après des efforts incroyables il échapa enfin au naufrage qui le mençait sur ces cotés dangereuses, et le 14 du passé il entra fort maltraité à Messine d'où je reçus hier cette nouvelle. Il fera voile pour notre port dès que son vaisseau sera radoubé et en état de faire route.

Comme il y a toute apparence que son avarie sera conséquente, j'ai déjà prévenu les assureurs de ce fâcheux événement.

Num. 102.

Lettre seconde.

Je suis entièrement privé de vos lettres depuis ma dernière du 2 courant, par laquelle je vous remis, pour que vous en soignassiez la rentrée,

Rixdalers 2075 - 19 banco sur trois différents amis.

Vous trouverez sous ce pli le connaissement et la facture des marchandises que vous m'avez commises. En vertu du premier vous le retirerez à tems opportun, et d'après la dernière vous me créditerez de fl. 7856 - 30 courants de Vienne, en Rixdalers 3630 - 48 banco, au change actuel de $142\frac{1}{4}$ comme nous en sommes convenus.

Les 5 barriques pottasse Nro. 17 à 21 spécifiées dans l'autre connaissement aussi inclus, dès que le capitaine Irgens qui compte partir dans 14 jours sera arrivé chez vous, je vous prie d'en soigner aussi la réception, et de les tenir à la disposition de M. Paul Wercker de Harlem.

Veuillez bien faire parvenir au plutôt l'inclus à Messieurs Schmid et Walter de Londres. Je donne à ces amis une commission qui se montera environ à 3600 Rixdal. banco, avec ordre de se rembourser pour mon compte sur vous, après l'envoi du connaissement. Vous voudrez en ce cas accueillir leurs traites, et m'apprendre que vous m'en avez débité. Je soignerai moi-même ici les assurances.

S'il arrive sur votre place de variations conséquentes dans le commerce, ne manquez pas de m'en instruire de suite. Pour aujourd'hui je me borne à vous demander votre sentiment sur l'augmentation qui a eu et pourra encore en partie avoir lieu dans les prix du poivre noir et du gingembre blanc. Si d'après les derniers avis que nous avons eus, vous croyez que ces deux articles doivent augmenter sous peu de 5 p. %. ou plus, achetez - mois délai 50 balles poivre noir, et 80 balles gingembre blanc. Tâchez de les obtenir au meilleur marché possible.

Vous les garderez soigneusement en magasin jusqu'à mes ordres ultérieurs. A la réception de la facture je vous ferai des remises pour votre remboursement.

Num. 103.

Réponse.

Un petit voyage que j'ai fait pour affaires ne m'ayant pas permis de répondre à vos deux lettres du 2 et 25 du mois dernier, je viens y suppléer par la présente.

La première me portait

Rixdal.	780 -	—	sur E. Schrof à 3 mois de date du 12 d'Avril
-	920 -	—	
-	375 -	19	sur G. Sieser à Uso.
Rixdal.	2075 -	19	banco.

J'ai encaissé cette dernière partie, et vous en ai donné crédit.

Les deux autres sur Schrof ont été acceptées; à la rentrée vous en serez pareillement crédité.

Avec la seconde du 25 j'ai reçu la facture et le connaissement des effets chargés sur capitaine Irgens, et je vous ai crédité de leur montant en

Rixdal. 3630 - 48 banco.

Dès que le dit capitaine sera arrivé, je retirerai aussi en vertu du connaissement les 5 barriques potasse Nr. 17 à 21, et les tiendrai aux ordres de M. Paul Werker de Harlem.

L'incluse à Messieurs Schmid et Walter de Londres leur a été acheminée de suite, et j'ai pris note de l'ordre que vous m'avez donné d'accepter pour votre compte les traites de ces amis, dans le cas que, m'ayant adressé le connaissement respectif, ils se prévalussent sur moi d'environ 3600 Rixdalers. Si cela est je vous en donnerai avis et vous débiterai de la somme que j'aurai payée.

Je vous envoie ci-inclus un prix-courant de nos diverses marchandises. Comptez toujours sur mon exactitude à vous instruire de toutes les variations qui auront lieu chez nous dans le commerce. Pour le présent je me bornerai à vous dire que notre compagnie des Indes orientales est assez mal pourvue de poivre noir et surtout de gingembre blanc. Si l'on considère qu'elle n'attend que dans 6 mois de ces articles pour lesquels il nous arrive journellement de nouvelles commissions, on ne peut se dissimuler que les prix ne doivent augmenter nécessairement. C'est pourquoi je regarde comme indispensable d'effectuer dès demain l'achat que vous m'avez commis, et j'espère de pouvoir vous en remettre la facture par ma première.

Num. 104.

Lettre troisième.

Vous trouverez ci-inclus le connaissement des différentes marchandises que je vous ai expédiées pour compte de M. Frédéric Berge de Leipsik, par le navire de Suèdois la ville de Stockolm, capitaine Reissmann parti d'ici ce matin avec un vent favorable. A son arrivée chez vous, vous soignerez la réception de ces marchandises, et les tiendrez à la disposition de M. Berge.

Cet ami me donne ordre de me prévaloir du montant sur vous, et me mande qu'il vous a déjà prévenu d'accueillir mes traites. Je me suis prévalu en conséquence de

mcs	1270 -	—	ordre der	Guill. Schoret.
-	1000 -	—	=	Michel Kraut.
-	582 -	12	=	Jacques Buterlin

mcs 2852 - 12 banco payables à 2 mois de date. A la présentation vous voudrez bien les accepter, et à l'échéance les payer pour compte du dit de Leipsick.

Le prix-courant que je vous remets vous fera connaître les variations que nous avons éprouvées depuis ma dernière.

En cotons il nous vient de toute part des commissions importantes qui ne pourront manquer d'en faire hausser les prix. Je crois par conséquent, que vous feriez très-bien de vous mettre cette année un peu à l'avance pour la partie dont vous aurez besoin, et si vous pouviez la commettre sur le champ, vous feriez encore mieux.

Dans le cas que les sucres vinssent à baisser sur votre place, je vous prie de m'en informer de suite.

Marquez-moi si le capitaine Jourdan n'est pas encore arrivé. Quelques uns de mes amis surtout desirent avec autant d'impatience que moi d'apprendre qu'il a heureusement abordé chez vous.

Num. 105.

Réponse.

A l'arrivée du capitaine Reismann je retirerai conformément au connaissement que j'ai reçu, les marchandises que vous m'avez adressées et j'attendrai, pour en disposer, les ordres de M. Frédéric Berge de Leipsick.

J'accepterai et je payerai pour compte de cet ami les traites que vous m'avez faites de mcs 2852 - 12 banco.

Je vous suis fort obligé de m'avoir marqué dans votre prix - courant les variations du commerce. Ce qui me fâche c'est de ne pouvoir cette fois, recompenser votre attention par quelque commission. Mai j'y suppléerai à la première occasion qui se présentera. Je vous prie en attendant de me continuer vos avis sur le même objet.

Je veux différer encore l'achat de cotons, tant parce que cet article est ici sans demandes, que parce que le coton l'Amérique a baissé notablement.

On n'a encore aucune nouvelle capitaine Jourdan. Si par la suite il m'en parvient quelqu'une de sûre je vous la communiquerai aussitôt. Je vous prie d'en faire de même vis-à-vis de moi dans le cas que vous apprenniez quelque chose de positif par rapport à lui. Il doit m'apporter des marchandises pour mon compte, et c'est pour cette raison que je suis inquiet de ne pas le voir paraître après un tems ci considérable.

Il n'y a pas la moindre apparence de diminution dans les prix des sucres ; au contraire les vendeurs se tiennent parce qu'ils trouvent continuellement des acheteurs.

Je finis par vous assurer que je serai exact

à vous instruire des variations qui paraîtront de quelque importance.

Num. 106.

Lettre quatrième.

Je vous confirme ma lettre du 20 du passé par laquelle je vous avisai de l'expédition des marchandises que vous m'aviez commises, et dont elle vous portait la facture pour que vous m'en donnaissiez crédit de conformité.

Je prévins en même tems M. Geiz expéditionnaire que vous m'aviez indiqué à Nuremberg, que par la voie de M. Jean Thurgut de Saitzbourg je lui avais adressé les collis qui vous regardaient, et je lui prescrivis de les tenir à votre disposition.

Aujourd'hui, à mon grand étonnement je vois retourner ma lettre d'avis avec cette note à l'adresse : on ne veut pas la recevoir. Que penser d'un événement si singulier? Il me parait impossible que vous ne vous soyez trompé en m'écrivant, et que vous ne m'ayez indiqué un cordonnier ou tailleur au lieu d'un négociant. Car je ne saurais concevoir qu'un commerçant quelconque puisse jamais avoir la mal-adresse de refuser une lettre sans l'ouvrir et sans en connaître la teneur, puis qu'il peut très-bien arriver qu'elle lui fasse faire quelque gain ou lui épargner quelque perte.

Dans une telle conjoncture, pour éviter tout retard, j'ai donné ordre incontinent à M. Thurgut d'adresser les marchandises non plus à M. Geiz, mais à M. Adolphe Wallersfeld mon ancien ami et mon expéditionnaire ordinaire de Nuremberg, auquel vous donnerez conséquemment les instructions nécessaires.

Si je n'avais l'avantage de vous connaître depuis nombre d'années pour un honnête homme, j'aurais peut-être douté en cette rencontre de votre probité, et jaurais pu prendre la chose en très-mauvaise part.

Num. 107.

Réponse.

Monsieur Geiz fait le commerce depuis environ trente ans; il est regardé comme un des premièrs négociants de Nuremberg et ses facultés sont considérables.

Lui ayant demandé la raison pour laquelle il avait refusé votre lettre l'ouvrir, j'eus pour réponse: qu'ils supposait que c'était là une de ces lettres d'offres de service dont il a coutume d'être importuné surtout de votre place; que s'il les recevait toutes, le port lui coûterait, certains jours de courrier, jusqu'a trois florins, et que pour éviter ces frais il avait pris la détermination de ne recevoir que celles qu'il pouvait reconnaître ou à l'adresse ou au cachet. Au reste il me dit vous avoir écrit lui-même à ce sujet.

Comme vous avez pris le parti d'expédier les marchandises à une autre adresse, et que cet arrangement ne peut plus se changer, la voiture devant être déjà partie de Salzbourg, j'ai donné à votre ami M. Wallersfeld, les avis nécessaires, et vous ai crédité du montant de votre facture.

Pour balancer cette partie, je vous remets

fl. 4000 - — sur Blau et Comp., traite de Schlag à Uso

- 492 - 20 sur G. Murner, traite de G. Trau, fin prochain.

---

fl. 4492 - 20 courants dont vous procurerez l'encaissement pour solde de mon compte.

Si vous pouvez avoir du coton de Smyrne de première qualité, blanc, le brin long, en sacs légers, au prix de fl. 47. et à nos conditions ordinaires, adressez en 20 à 30 balles par la voie de Saltzbourg, à M. Geiz de Nuremberg. Je désire que vous soyez en bonne intelligence avec lui, et que vous fassiez ensemble des affaires avantageuses.

Num. 108.

Lettre cinquième.

Comme, chaque jour de courrier, je suis fatigué d'un nombre infini de lettres d'offres de service que l'on m'écrit sans aucune discrétion de diverses places maritimes et spécialement de la vôtre, j'ai pris la détermination de ne plus en recevoir. J'apprends aujourd'hui avec regret de M. Zorn de Francfort sur le Mein, que la lettre par laquelle vous me donniez avis de l'expédition des marchandises qui le régardent, a été confondue avec celles-là, à la vérité sans aucun dessein formel de ma part par rapport à son auteur.

Je puis vous assurer, foi d'honnête homme, que si depuis 30 ans que je fais le commerce j'avais reçu toutes les lettres d'offres de service qui m'ont été adressées, j'aurais à coup sûr quelques milliers de florins de moins.

Si au moins ces lettres nous parvenaient franches de port, comme nous avons coutume d'en user avec les pratiques de nos environs, on pourrait laisser aisément à ceux qui les écrivent, le plaisir de passer leur envie, sans regretter le tems que l'on perd à une lecture si stérile. Mais devant payer pour chacune 12 kreutzer qui peuvent être employés beaucoup mieux ailleurs, on n'a pas de moyen plus sûr et plus simple que de renvoyer toutes celles qui ne peuvent être reconnues ni à l'adresse ni au cachet. L'on s'épargne par là à soi et à ceux qui vous font leurs offres. des frais ultérieurs.

Vous voyez par ce préambule que c'est d'après le système que j'ai adopté , que votre lettre vous est rétournée avec cette note : on ne veut pas la recevoir ; et je fus d'autant plus porté a prendre le change que j'y reconnus inclus un petit imprimé qui me confirma dans l'idée qu'elle était du nombre de celles que j'avais l'habitude de réfuser. Veillez donc bien excuser ma méprise. Puisqu'il n'est plus tems de la réparer , je vous promets de vous la faire oublier par des commissions d'importance. Pour commencer des à présent , il vous plaira de m'expédier 10 barriques d'huile de Lecce, claire , rousse , de bonne odeur et au meilleur prix possible.

Je vous ferai des remises sur Vienne pour le montant de votre facture lorsqu'elle me sera parvenue.

Ne différez pas d'un instant d'éffectuèr l'expédition parce que , la semaine dernière, un ami d'ici m'enleva toute la quantité qui me restait : elle était d'environ 460 quintaux.

Num. 109.

Réponse.

Vous n'aviez besoin ni de justification ni d'excuses pour m'avoir renvoyé ma lettre.

A vous dire le vrai, il ma fait de la peine de la voir retourner sans avoir été ouverte, à cause que par là vous avez perdu une expédition et avez été privé des avis que je vous donnais, lesquels vous auraient été certainement d'un avantage réel.

Maintenant que cet accident est sans remède, je n'en suis pas fâché dans un certain sens, parce qu'il me fournit l'occasion de vous faire sentir que les lettres d'offres de service ne sont pas autant à mépriser que vous le dites, et qu'au contraire elles sont bien souvent trés-utiles à un négociant judicieux.

Je ne disconviens pas qu'il y ait des gens qui parviennent à fatiguer leurs amis par des offres de service, au lieu d'agir de manière que leurs lettres soient accueillies avec plaisir, et qu'on n'ait pas à regretter ce qu'il en coûte pour le port. Mais faites-moi la grace de lire l'incluse que vous m'avez renvoyée. Vous verrez qu'outre l'avis que je vous y donnais de ne pas vendre l'huile que vous aviez en magazin, je vous conseillais encore d'en faire de suite un achat plus considérable. Si vous eussiez lu cela, quand même vous ne vous seriez pas déterminé à cet achat ultérieur, vous n'auriez pas du moins vendu la partie que vous aviez, et vous ne seriez pas actuellement simple spectateur de l'augmentation de la marchandise dans les mains d'un autre, ni privé d'un bénéfice conséquent. Il n'en faudrait pas davantage pour vous prouver combien est insoutenable la proposition que vous avancez : que vous auriez incontestablement quelques milliers de florins de moins si vous aviez reçu toutes les lettres d'offres de service qui vous sont parvenues dans l'espace de trente ans que vous êtes dans le commerce. Vous reconnaîtrez que ma lettre vous aurait fait gagner aisément 3600 florins sur votre huile qui ne vous revenait peut-être pas au delà de 20 fl. le quintal; puisque je vous marquais que le prix avait augmenté de 8 fl. par quintal, et que probablement il augmenterait encore, d'après les avis sûrs que nous avions que la grande rareté de cet article en avait fait prohiber l'extraction de la Pouille.

Depuis que vous êtes dans les affaires, combien de lettres n'aurez vous pas renvoyées qui auraient pu vous faire gagner des milliers de florins? Et qui sait si le tort que vous vous êtes fait par ce moyen n'est pas bien loin d'être compensé par l'épargne des frais de poste qui vous déplaisent tant? Un négociant peut-il avec raison regretter de pareils frais, sachant qu'une seule lettre a fait bien souvent la fortune d'une maison, ou l'a tirée du danger imminent d'être ruinée?

Vous allez m'alléguer peut-être que sans toutes ces lettres chacun reçoit de ses correspondants ordinaires les avis les plus intéressants: cependant ce qui vous est arrivé pour l'huile devrait vous convaincre du contraire, puisque vous ne fûtes avisé d'aucune part; et cela parce qu'ordinairement chaque maison s'attache en particulier à l'article qui l'occupe le plus, et sur lequel elle entretient une correspondance suivie et bien souvent dispendieuse.

Je vous accorde que parmi tant de lettres d'offres de service il s'en trouve quelques unes qui ne contiennent que peu ou rien d'important, et quelques fois même rien d'utile. Mais que faut-il en conclure? Que chacun cherche à étendre toujours plus les affaires qu'il a, et à s'en procurer de nouvelles. D'ailleurs quand on veut se délivrer des sollications de ceux qui, comme on dit, ont coutume de pêcher dans l'eau trouble, il n'en coûte que deux lignes pour les prier de ne plus prendre la peine d'écrire. Et si l'on veut user même en cela d'économie, on n'a qu'à leur envoyer cette lettre dans une autre à quelqu'un de ses correspondants. Alors moyennant quelques florins, on s'epargne avec honneur à soi et aux autres pour l'avenir, le tems, la peine, et les frais de poste.

Ci-joint vous trouverez la facture de

l'huile que vous m'avez commise et que je vous ai déjà expédiée. Il vous plaira de me créditer du montant. Je vous ai passé 2 fl. par quintal en sous du prix actuel de notre place, pour vous montrer que votre système économique ne m'a point offensé, et que j'espère d'avoir prémuni pour toujours mes lettres contre ses inconvénients.

Num. 110.

Lettre sixième.

J'ai attendu en vain jusqu'à présent quelque réponse de votre part, et je suis plus qu'étonné du retard des 2 collis Nro. 13 et 14 qui devraient être en mes mains depuis 14 jours.

Ce retard pourrait n'avoir rien de surprénant si je ne vous avais recommandé d'une manière si présente le prompt acheminement de ces effets dont j'ai tant de besoin.

Mes pratiques ne souffrent pas peu de votre négligence, et s'en prennent toutes à moi comme s'il y avait de ma faute. Dans le fait elles non pas tort, et je dois me taire sans pouvoir rémédier à la chose. Vous sentez que j'ai tout sujet de me plaindre de vous, soit parce que vous laissez la marchandise si long-tems en route, soit parce que vous ne cherchez pas à prévenir la négligence des voituriers.

Si vous êtes jaloux de la continuation des affaires que nous avons ensemble, vous devez vous rendre plus attentif afin que les marchandises arrivent plutôt à leur destination.

Num. III.

Réponse.

Si j'avis réellement contribué en quelque façon au retard des collis Nro. 13 et 14, duquel vous vous plaignez dans votre dernière du 10 courant, je supporterais vos reproches sans repliquer. Mais je suis parfaitement innocent dans toute cette affaire, et il n'y a de coupable que le charrétier Kuntze qui avait chargé d'autres effets outre les vôtres, et qui pour raison de dettes abandonna à Geisslingen son chargement, sa charrete, trois chevaux et s'enfuit à Gunzbourg sur le quatrième qui était le meilleur.

Cette nouvelle ne m'est parvenue que depuis quelques jours. A peine en fus-je instruit que je fis partir pour Geisslingen le voiturier Fleischer, avec ordre de décharger toutes les marchandises et de les recharger. Vous ne devez pas tarder à les recevoir.

Je me flatte que vous serez satisfait de la manière dont je me justifie, et que bien loin de me retirer, sans raison légitime, votre amitié, vous m'honorerez sous peu de quelqu'un de vos ordres.

Num. 112.

Lettre septième.

Selon l'avis que vous me donnez en date du 20 du passé, je soignerai la réception des collis que vous m'avez adressés, et j'en disposerai d'après les ordres que j'ai reçus.

Les espèces que vous m'avez expédiées, me sont parvenues au terme préfix; mais ayant trouvé, conformèment à la note de l'hôtel des monnaies, quelques pièces d'or qui ne sont pas de poids; au lieu de fl. 754-20 que vous me passez, je ne puis vous créditer que de fl. 751-21.

Je vous remets ci-joint l'extrait de votre compte courant et vous prie de le vérifier. Si vous le trouvez juste, comme je ne saurais en douter, vous me créditerez à compte nouveau de fl. 240-11.

Je profitai hier de l'occasion d'une estaffette qui allait chez vous pour vous envoyer, franc de port, un petit baril poissons de mer marinés. Je vous prie d'accepter cette bagatelle comme une marque de ma reconnaissance, et je désire qu'elle puisse vous faire plaisir ainsi qu'à votre famille.

Le prix-courant ci-inclus vous instruira des variations qu'a éprouvé le commerce depuis ma dernière.

Le capitaine Treutler vient d'aborder en notre port. Je vous marquerai une autre fois la cause qui a retardé son arrivée, parce que je ne pourrais le voir aujourd'hui sans négliger mon courrier.

Num. 113.

Réponse.

Je réponds à votre dernière du 4 courant, par laquelle vous m'avisez que vous retirerez les collis que je vous ai adressés pour être achéminiés à leur destination, et que vous en disposerez de la manière qui vous est prescrite.

J'ai porté de conformité à votre débit les fl. 751-21 dont vous m'avez crédité pour les espèces en or que je vous ai expédiées, et ayant trouvé juste votre extrait de mon compte-courant, je vous ai donné crédit à compte nouveau des fl. 240-11.

Les poissons nous mangerons en famille, et avec un verre de bon vin d'Autriche nous porterons tous une santé à la personne qui a eu la bonté de nous les envoyer, et à laquelle nous faisons, en attendant, mille remercîments.

Je vous suis obligé du prix-courant que vous m'avez remis. Quoique je ne pense à vous donner aucune commission avant le printems parce que je suis encore bien pourvu de tous les articles, je vous prie néanmoins de me continuer vos avis, et de me marquer toutes les variations qui pourront avoir lieu chez vous. Soyez sûr que je tâcherai de payer, en son tems, la peine que je vous donne.

Vous aurez probablement reçu du capitaine Treutler mes 20 barriques caffé, et en aurez disposé d'après mes ordres. J'attends avec impatience les détails que vous m'avez promis sur la cause de son retard.

Num. 114.

Lettre huitième.

A la seule recommandation de M. Kutze je vous accordai le 23 de Mars de l'année dernière, un crédit honnête, sans prendre seulement la moindre information sur votre compte.

En m'accusant la réception des diverses marchandises que vous m'aviez commises, vous me témoignâtes combien vous en étiez satisfait, et vous me promites en même tems de m'en remettre le montant à courte date par premier courrier. J'attendis un mois après l'échéance sans vous en dire mot, mais voyant qu'il ne me venait de votre part ni lettres ni remises, je pris le parti de tirer sur vous pour valeur de ce qui m'était dû, fl. 897-30 à l'ordre de M. Guillaume Munze; et de crainte de vous mettre dans l'embarras, je ne le fis qu'à six semaines de date, persuadé que reconnaissant ce trait de générosité vous n'auriez pas manqué d'accueillir ma traite et de la payer.

J'apris ensuite de mon banquier avec bien de la peine, que vous n'aviez payé à l'échéance que la moitié de la dite somme, et que vous n'entendiez payer le restant qu'après un terme de six semaines. Je patientai encore, mais ce nouveau terme expiré, mon banquier fut privé, comme moi, de vos réponses, à différentes lettres.

Voilà bien près d'un an que vous abusez de ma bonté; et vous m'avez occasionné une perte qui est assez conséquente.

Je n'examine pas si M. Kutze par sa recommandation a voulu m'exposer à dessein à toutes ces tracasseries que j'éprouve avec vous, ou s'il ignorait, comme moi, votre peu de délicatesse. Comme qu'il en soit, il constera toujours que vous êtes une personne équivoque, qui donne d'elle la plus mauvaise idée par son inexactitude, et qui non contente de porter tort à ceux qui lui font crédit, les reduit en outre à la dure nécessité de faire des démarches contre elle et de déranger de bons amis.

Comme ma patience est lassée, j'ai envoyé à M. Edmond Bärenkopf notre correspondance, mon compte et ma procuration, pour qu'il vous attaque en justice et vous oblige par ce moyen à me payer ce qui m'est dû avec les interets. Il vous remettra lui-même la présente en mains propres; il a l'ordre exprès de ne s'arrêter à aucun autre de vos subterfuges et de ne plus vous accorder que 3 jours pour le payement.

Ainsi si vous voulez éviter, puisque vous en avez encore le tems, les frais de justice, entendez-vous à l'amiable avec lui pour le dit payement du capital, interêts et frais dont il vous donnera la note exacte.

Num. 115.

Lettre neuvième.

J'ai appris avec regret de MM. Sause et Comp. de Cologne qu'il n'est encore arrivé chez eux ni le patron Thomas Krimler, ni le patron Pierre Augensand, et qu'on n'a pu en avoir aucune nouvelle. Tout cela m'inquiéte, parce qu'il me sera très-difficile d'avoir à tems les marchandises dont j'ai besoin pour la foire prochaine de Pâges de

Francfort, et que j'en souffrirai un préjudice considérable.

Je vous avais recommandé pourtant d'une manière assez expresse de préférer le patron Detgens qui avait aussi chargé des marchandises pour mon compte, et qui est arrivé depuis long-tems à Cologne où il remit son chargement à une barque de Mayence. D'après l'ordre précis que je vous avais donné, vous auriez dû au moins m'envoyer par les chariots de poste, les montres du caffé. Il m'importe fort peu de recevoir la marchandise après la foire. Je sais que vous ne vous mettez pas beaucoup en peine que je la reçoive plutôt, pourvu qu'aù tems convenu vous en ayez retiré le montant. Encore si c'était la première fois que vous m'exposez à pareils inconvénients je supporterais le tout sans me plaindre, comme je l'ai déjà fait trois fois à mon grand désavantage dans l'espace de six ans que nous nous connaissons. Mais je vois à présent que je serais inexcusable si je continuais à ménager votre excessive négligence, et si je ne cherchais à vous rendre à vos dépens, plus assidu et plus avisé.

Je vous signifie donc que si mes marchandises ne me parviennent une semaine avant la foire, je vous les laisserai pour votre compte, et vous débiterai du bénéfice perdu par votre faute sur le caffé et le sucre.

Num. 116.

Lettre dixième.

Je reçois dans ce moment par estaffette la fâcheuse nouvelle qu'il a régné en Pouille pendant trois jours, un tems orageux, et froid qui a tellement maltraité les oliviers et les amandiers qu'on se ressentira du dommage non seulement cette année mais encore les suivantes. Les prix des huiles et des amandes ont augmenté à l'instant de 50 p. %.

Je m'empresse de vous faire part de ce triste événement afin que vous vous régliez en conséquence et que vous ne vendiez pas si vous êtes pourvu de ces denrées.

Num. 117.

Lettre onzième.

Je sens qu'en cette rencontre vous avez bien raison de vous plaindre de moi et de prétendre à une sûreté, puisque je n'ai effectué qu'en partie le payement que je vous ai promis pour la dernière semaine de la foire. Je puis cependant vous assurer qu'il n'a pas tenu à moi de tenir rigoureusement ma parole parce que la foire ayant été des plus mauvaises, je n'ai pû retirer que très-peu de ce qui m'était dû. Je souffre infiniment d'avoir à faire une figure qui jusqu'ici m'a été etraugère, et de me voir obligé de vous prier de nouveau de patienter encore jusqu'à ce que j'aie retiré d'autres fonds.

J'espère que cette inexactitude ne vous fera former aucun soupçon défavorable contre moi, puisque vous aurez sçu aussi combien a été mauvaise la foire susdite. Mais si, contre mon attente, il en était autrement, dites-moi quelle sûreté vous exigez. Je suis prêt à tout pour vous tranquilliser et pour vous prouver que vous avez affaire à un honnête homme.

En attendant vous trouverez ci-inclus

fl.	506 - 20	sur Jean Fischer, traite de Lanz.
-	728 - 40	sur Philippe Sturz, traite de Satzel, l'un et l'autre à 3 jours de vue.
fl.	1235 - —	en Louis d'or à fl. $9\frac{1}{5}$.

Il vous plaira d'en soigner la rentrée et de m'en créditer provisoirement jusqu'à ce que je puisse vous remettre une plus grosse somme et solder ce que je vous dois. Recevez d'avance mes remercîments pour les nouvelles obligations que je vous aurai.

Num. 118.

Lettre douzième.

La présente servira de réponse à vos trois lettres du 5, du 10 et du 15 courants.

Vos traites de

fl. 2729 - 11 et
- 3588 - 18 que vous nous avez faites en 3 différents appoints ont été de suite accueillies, et nous vous en débiterons lorsqu'elles auront été payées. Par contre nous vous donnerons crédit des

fl. 8727 - 17 que vous nous avez remis sur divers, dès qu'ils nous seront entrés. Nous l'avons déjà fait en fl. 526 - 59 pour les fl. 532 - 18 de votre remise précédente sur Leipsic, laquelle nous avons négociée à 1 p. %., ce dont il vous plaira prendre note de conformité.

Monsieur Natan Hirsch a accepté les fl. 212 - 58 sur lui-même, payables à Dresde où nous les ferons exiger, et dont nous vous accuserons, en son tems, le bien être.

Monsieur Grüntisch de Bautzen nous a promis de payer les fl. 397 - 20 fin courant.

Par la dernière diligence nous avons reçu de M. Bärenkopf pour vôtre compte,

fl. 550 - — dont vous êtes crédité en
fl. 548 - 10, déduction faite du port.

Les affaires de l'ami sur lequel vous nous demandez des informations, passent pour être dans un état critique. Cette considération nous porte à retenir par devers nous les marchandises que vous nous avez expédiées pour son compte. Nous enverrons à l'acceptation la lettre de change que vous nous avez remise de Rixdalers 509 - 12 banco sur Binder et Comp. de Hambourg à 6 semaines de date. Si elle est acceptée, nous lui expédierons les marchandises; à défaut, nous attendrons, pour en disposer, vos ordres ultérieurs, et nous ne ferons lever aucun protêt pur ne pas faire des frais inutiles.

Veuillez bien procurer l'acceptation des Premières ci-incluses de

fl. 1280 - 10 sur Bolzer, et
- 2176 - 56 sur Knoll et Steger.

et les tenir à la disposition des Secondes duement endossées.

Num. 119.

Lettre treizième.

Je réponds à votre dernière du 17 courant. Il est bien que vous m'ayez crédité de la traite sur MM. Hansitsch et Comp. faillis, laquelle j'ai acceptée pour votre compte.

Par rapport aux fl. 1757 - 20, que vous m'avez remis pour mon remboursement, j'en procurerai le nécessaire et vous en donnerai crédit à la rentrée.

Je vous renvoie sous ce pli votre assignation de fl. 379 - 11 sur Pierre Kuring. Comme, malgré mes instances réitérées, je n'ai jamais pu réussir à la faire accepter, ni obtenir seulement de cet homme une réponse, il serait superflu de la protester. Contrebalancez donc cette partie.

Monsieur Gaëtan Piombo de Budisse nous a remis pour votre traite de
fl. 400 - 12 que nous vous envoyons ci-incluse,
fl. 397 - 52 sur Mauser, payable au 18 Juillet. Veuillez en prendre note de conformité.

Messieurs Téodore Glümpfer, et Eugene Proschichowski n'ont pas encore payé quoique je les en sollicite par tous les courriers. Marquez-moi conséquemment ce que j'ai à faire à cet égard.

Je reçois en ce moment votre dernière du 20 courant par laquelle vous me donnez avis de traites de fl. 5000 - — en cinq différents appoints, que nous accepterons et payerons dans le tems à votre débit.

Je vous renvoie votre assignation de fl. 196 - — sur Korner au domicile de Sperber, avec le protêt de non payement. Portez-la à mon crédit ainsi que
fl. 2 - — pour frais du dit protêt.

Num. 120.

Lettre quatorzième.

Je me refère à ma dernière du 3 courant. Je soignerai pour votre compte, le payement de vos remises du premier du dit, de

fl. 328 - 11 sur Jean Leyterer } à Uso
- 250 - 10 — Thomas Geiger }
- 922 - — Philipp Gauser à 3 jours de vue.

- 852 - 6 — Pierro Tanzer au 18 } Juillet
- 752 - 8 — Paul Freyer au 24 }
- 1892 - 7 — Simon Kloz au 10 Août.

fl. 4996 - 42 ensemble.

Vos traite de

fl. 1000 - à l'ordre de Joseph Laurenzer à vue.
- 970 - 12 — George Kilian à Uso.
- 852 - 48 — Ignace Klapperer à 6 semaines de date.

fl. 2823 - — seront acceptées à la présentation, payées à l'échéance, et portées à votre débit.

Monsieur Michel Mauser a accueilli votre traite de fl. 482 - 11 que vous me remites par votre dernière pour

fl. 398 - 56 seulement, m'alléguant que vous

aviez encore à solder avec lui un reste de compte.

Je n'ai reçu de M. Naum pour votre traite de fl. 600 - — que fl 280 - —. Il m'a promis de payer le restant dans quatorze jours.

Num. 121.

Lettre quinzième.

Le capitaine Bissenzien vient de parti d'ici avec un vent favorable. Vous trouverrez ci-inclus le manifeste de son charchement et le compte du nolis, lequel se monte à L. 17050 - 11 tournois, y compris le chapeau. J'espère que vous serez content du tout.

Déduction faite de ce que je lui ai avancé pour l'equipage, et de ma commission, il vous revient encore, selon le compte ci-joint, pour son nolis d'entrée que j'ai encaissé: L. 10020 - 8 tournois dont vous défalquerez,

en outre, le montant de la remise que je vous ai faite le 10 du passé sur Pierre Jourdan, de - 8719 - 15 -
et vous êtes encore

créditeur de . . L. 1290 - 13 tournois

pour remboursement desquelles je vous remets l'assignation ci-incluse sur M. Jendre. Par là nos comptes sont entièrement soldés.

Je désire que Bissenzien aborde heureusement chez vous après une courte navigation.

Le capitaine Vergujon a déjà la moitié de son chargement, et il espère de le compléter bientôt. Ses nolis ne sont pas encore encaissés.

Num. 122.

Lettre seizième.

Votre lettre du 10 courant me portait un connaissement de diverses marchandises destinées pour les frères Taube de Magdebourg. Il me fâche bien de ne pouvoir en faire usage, le vaisseau du capitaine Wustenfeld ayant sauté en l'air avec un corsaire français. Il ne s'est sauvé de l'equipage des deux navires que le capitaine du premier et un matelot.

Le capitaine Flicke, arrivé ici tout-à l'heure, a déposé :

Qu'un matin à la pointe du jour il apperçut un vaisseau qui donnait la chasse à un autre, et qui ne l'eût pas plutôt atteint qu'ils commencerent à se cannoner : comme peu à près ils cesserent tout-à-coup, il s'imagina que cet dernier s'était rendu. Dans cette idée il s'avança vers eux, et avec la lunette d'approche il les reconnut l'un et l'autre, surtout celui de Wustenfeld. Pendant qu'il cherchait à découvrir sur le gaillard d'arrière, le capitaine son ami intime, il vit des tourbillons de flamme s'élancer avec impétuosité du vaisseau ennemi, et un instant aprés il fut témoin du même spectacle sur l'autre navire. En cette rencontre il reçut à bord un boulet qui lui fit du dommage et qui blessa légèrement un de ses mousses. L'espérance de sauver quelqu'un le fit approcher de l'endroit où le combut s'était engagé. Il parvînt à sauver deux malheureux qui flottaient au gré des vagues sur deux planches, et dont l'un était son ami Wustenfeld.

Quand celui-ci eut repris ses sens, il lui fit ce récit: „Le corsaire français m'ayant „poursuivi inutilement depuis deux jours, „m'a atteint le troisième et m'a menacé de „me couler bas si je refusais de me rendre. „Ma réponse a été une bordée de huits pe„tits canons, laquelle a été si bien dirigée „qu'à l'instant il a fait eau de trois endroits. „Il m'a riposté par le feu de toute sa batte„rie de vingt canons sans toutefois m'en„dommager beaucoup, et s'est retiré ensuite „pour une demi-heure afin de se réparer. „Par là il m'a donné lieu de lui lâcher une „seconde bordée avec tant de succès qu'elle „lui a fracassé le grand mat. Non obstant

„cela il n'a pas perdu courage; le combat „en est devenu plus opiniâtre et a duré jus- „qu'à trois heures: alors le corsaire a été „contraint de se rendre ayant déjà perdu „la moitié de son equipage. J'ai traité hon- „nétement le capitaine français à qui j'ai as- „signé ma chambre; j'ai reparti tous les pri- „sonniers parmi mes gens, et j'ai donné or- „dre de réparer son navire au mieux. A „peine ai-je eu fait ces dispositions, que le „vaisseau rendu n'a plus offert qu'un incen- „die horrible qui s'est communiqué au mien „avec tant de violence qu'il a été impossible „d'y apporter remède. Dans une position „si critique je n'ai eu d'autre parti à prendre „que de me jetter à la mer d'où j'ai eu le „bonheur d'être retiré par vos soins."

Le capitaine Flike débarqua à Gibraltar son brave et malheureux ami qui fut accueilli par le gouverneur avec toute sorte de démonstrations d'estime.

Tous les intéressés au chargement de Wustenfeld se sont déjà assemblés, et ont arrêté de faire part de cet accident chacun à son assureur respectif en lui envoyant la déposition authentique du capitaine Flike et de tout son equipage. Je vous ai donné tous ces détails circonstanciés afin que vous puissiez le communiquer à votre assureur et exiger de lui la valeur de la somme assurée pour compte des frères Taube que j'ai avisés par le courrier d'hier.

Num. 123.

Lettre dix-septième.

Dans ce moment nous recevons de la bourse la fâcheuse nouvelle, que le capitaine Vulkers, aprés une tempête de trois jours, a eu le malheur de donner contre un banc de sable sur le côtes de Sicile où son navire c'est ouvert un quart d'heure avant que le mauvais tems cessât. On assure pourtant que les marchandises ont été sauvées et mises en sûreté dans un village peu distant du lieu du naufrage.

Le capitaine, qui avait des effets pour compte de M. Gaëtan Saligni de Messine auquel il était recommandé, s'est hâté de lui envoyer un exprès afin qu'il prit les mésurer nécessaires pour faire sécher tout ce qui était avarié et le faire transporter à Messine.

On espère que le dommage ne sera pas bien considérable, parce qu'à l'aide des habitans du dit village, les marchandises ont été aussitôt tirées de l'eau et qu'il n'y en a eu que la moindre partie qui s'est trouvée avoir souffert.

Comme plus de deux tiers de la cargaison sont destinés pour notre place, les intéressés ont choisi deux experts qui sont partis de suite pour Messine où ils sont autorisés à faire tout ce que de besoin pour l'interêt commun.

Les propriétaires du navire ont demandé 9000 mcs. banco, qui leur ont été accordés, parce que le capitaine Vulkers a fait son devoir dans toute la rigueur possible.

Informez votre assureur de cet événement, et demandez-lui s'il approuve les dispositions des intéressés de notre ville relativement aux propriétaires. Je vous donnerai d'autres détails quand l'avarie aura été réglée; objet pour lequel les deux experts ont été envoyés à Messine.

Par le courrier d'aujourd'hui je donne encore avis du tout à MM. Wassinger et Compagnie.

Num. 124.

Réponse.

Votre lettre du 21 du passé me porte que le capitaine Vulkers ayant eu le malheur d'échouer sur un banc de sable de Sicile est parvenu à sauver la majeure partie des marchandises, et à les faire transporter à Messine; que deux experts ont été expédiés de chez vous pour régler l'avarie, et faire toutes les dispositions nécessaires à cet effet; enfin que les propriétaires du vaisseau ont demandé 9000 mcs. banco qui leur ont été accordés, attendu que le capitaine a parfaitement rempli son devoir.

J'ai fait lire tout cela à mon assureur. Persuadé que dans ce malheur il n'y a pas de la faute du capitaine, il a souscrit sans la moindre difficulté à l'indemnité de 9000 mcs. et a ordonné à un ami de votre place de faire tout ce que de besoin par rapport aux effets que je lui ai abandonnés, et de lui envoyer en son tems toutes les pièces respectives.

Le montant de mon assurance m'a été payé sur le champ, deduction faite de l'escompte de 3 mois que je lui avais accordé à raison de $\frac{3}{4}$ p. $\frac{0}{0}$. par mois.

Comme d'accord avec l'assureur les marchandises étaient assurées à 15 p. $\frac{0}{0}$. y compris le nolis, les frais et le bénéfice imaginaire, MM. Wassinger et Comp., à qui je remets aujourd'hui leur capital avec le bénéfice, seront hors de tout embarras, et se féliciteront d'en avoir été quittes à si bon marché.

Vous ne me dites rien du capitaine Einhorn quoiqu'il soit parti de chez nous depuis 3 mois.

Hier le capitaine Trittler arriva heureusement en ce port où il commencera à décharger au premier jour. Je lui ai déjà déstiné 40 last de marchandises pour son chargement de retour, et j'espère qu'il n'aura pas besoin de s'ejourner ici plus d'un mois.

Num. 125.

Lettre dix-huitième.

Ce matin nous avons reçu par exprès la nouvelle que le capitaine Bertolini ayant été attaqué près de l'île de Corse par un vaisseau de guerre français, et se voyant réduit à l'extrémité, s'est déterminé dans son désespoir à se faire échouer plutôt que de se rendre. En conséquence il a fait force de voiles vers la terre où le navire s'est fracassé. Il a eu le bonheur d'en échapper, mais on croit que le chargement ne pourra être sauvé qu'avec bien des peines et des frais.

En attendant donnez avis à vos assureurs de ce fâcheux accident dont je vous marquerai par premier courrier les détails et les suites.

Num. 126.

Lettre dix-neuvième.

La présente servira de supplément à ma dernière du 21 du passé. J'ai le plaisir de vous y annoncer que tous les effets chargés sur capitaine Bertolini qui s'est échoué volontairement, ont été sauvés, et qu'il n'y en a eu que très-peu d'avaries. Il seront gardés provisoirement à Livourne jusqu'à ce qu'ils puissent être acheminés au lieu de leur destination, attendu que les Français, qui croisent assez librement dans la Méditerrannée, rendent la navigation peu sûre.

Tous les intéressés d'Altona et de Hambourg à ce chargement: s'assemblement hier pour aviser aux moyens qu'il y avait à prendre. Le matin ils arrêterent d'envoyer leur procuration à deux amis de Livourne afin qu'ils réglassent l'avarie et qu'ils expédiassent ici les marchandises. Dans l'après-diner les propriétaires du navire se présenterent, demandant fl. 12000 courants de Hollande pour le montant entier du nolis; mais leur demande ne fut pas accueilli. On leur objecta sur toutes choses que le capitaine s'était fait échouer à dessein, et qu'il était loin d'avoir rempli son devoir envers tous les intéressés. Ils répondirent à cela que le capitaine, reconnu généralement pour un honnête homme, n'avait eu d'autre vue que de sauver le navire et la cargaison, et qu'il n'en était venu à une telle extrémité que quand le danger de perdre l'un et l'autre lui avait paru inévitable. Ils ajouterent que Bertolini et tout l'equipage étaient prêts à soutenir par serment l'urgence de ce péril.

Ce point reste indécis. On convint pourtant d'en instruire tous les intéressés afin qu'ils pussent prévenir leurs assureurs, et que ceux-ci par l'organe de leurs chargés de procuration eussent la faculté de manifester leur sentiment et de produire leurs raisons pour et contre.

Faites part de tout à votre assureur, lui offrant toutes les instructions qu'il croira nécessaires, et recommandez lui de vous faire connaître à vous ou à quelque ami d'ici son opinion, pour que l'on puisse prendre sur cette affaire un arrangement définitif.

Num. 127.

Lettre vingtième.

En attendant que votre assureur m'ait communiqué son opinion, je m'en rapporte à mes deux précédentes du 21 et du 25 du mois dernier.

La troisième fois que les intéressés s'assemblerent, ils mirent de nouveau en question les prétentions des propriétaires du navire relativement à l'entier payement du nolis. Ceux-ci entendaient faire consigner ce payement, et cherchaient à embrouillier les esprits par leurs criailleries; mais au moment qu'ils crurent l'avoir emporté, on proposa de prendre pour arbitres de ce différent, trois personnes expertes membres de la bourse de Livourne. Quoique l'on vît par diverses lettres dont il fut fait lecture, que la plûpart des assureurs ne voulaient entendre à aucun accommodement avec les propriétaires qui persistaient toujours à demander le nolis en entier, les procureurs fondés de ceux-là acquiescerent néanmoins à la proposition. Il fut donc arrêté presqu'à l'unanimité des suffrages de mettre par écrit toutes les circonstances du sinistre selon les dépositions ; d'y joindre la déclaration des consuls de mer de Toscane, et d'envoyer le tout aux arbitres nommés à Livourne.

D'abord les propriétaires s'y opposerent par des termes vaques et équivoques ; mais ils y consentirent ensuite quand on leur eût fait comprendre qu'il fallait voir une fin de cette affaire qui allait être décidée à la pluralité des voix.

Les détails circonstanciés du naufrage ayant été écrits et signés de chacun, furent envoyés aux trois arbitres sus mentionnés de Livourne. Comme ce sont des hommes dont les lumières, l'expérience, l'impartialité et la droiture ont été reconnues plusieurs fois en pareilles occasions, on peut sans la moindre inquiétude attendre de leur part une décision juste.

Dès que tout sera terminé, j'aurais soin de vous en instruire. M. Meinecke et moi avons été choisis pour les deux chargés de procuration, et députés comme tels. J'aurai par là occasion de vous remettre dans son tems le compte du nolis et des frais.

Num. 128.

Réponse aux Num. 125 et 126.

Je vous accuse la réception de vos deux intéressantes lettres du 21 et du 25 du passé. La première m'annonçait le malheur du capitaine Bertolini, et la seconde contenait la nouvelle consolante que toutes les marchandises avaient été sauvées, et que très peu avaient souffertes.

Quoique celles qu'il a pour mon compte soient assurées, je n'ai pas laissé que de voir avec peine mon capital rester si longtems mort et sans aucun profit. Mais tout homme qui confie son bien à la mer doit se soumettre avec résignation quand le péril qu'il devait prévoir vient à se réaliser.

Mon assureur, à qui j'ai montré votre lettre, s'en rapporte à ce que fera la majorité. Il vous prie seulement de soigner pour le mieux ses interêts, et de correspondre à l'avenir directement avec lui. Nous sommes presque déjà convenus qu'il me payerait le capital assuré, déduction faite de l'escompte d'usage.

Quant aux prétentions des propriétaires du navire elles paraissent poussées trop loin sous tous les rapports. D'abord le nolis ne peut leur être payé en entier, puisque le capitaine n'avait pas encore fait la moitié de son voyage. D'ailleurs il aurait pu agir avec un peu plus de prudence, devant supposer qu'en se faisant échouer il s'exposait au péril évident de faire naufrage. On peut ajouter encore qu'il n'était pas sûr que le vaisseau ennemi plus gros que le sien eût pû l'atteindre et le prendre.

Une autre chose qui mérite attention c'est que la moitié du chargement était pour compte neutre, et que selon le droit des gens elle aurait pû être reclamée par ceux qu'elle regardait. Or je vous demande ci ces intéressés sont obligés de payer le nolis tandis-qu'ils perdent avec l'interêt de leur argent, un bénéfice certain et peut-être même une partie du capital.

Que par un effet du hasard peu de marchandises aient été avariées, on ne peut rien en conclure en faveur des susdits propriétaires sur le point principal de leurs prétentions. Car, à mon avis, si tout le chargement eût été perdu, ils auraient été tenus à dédommager tous les intéressés de nation neutre, comme ils le seront en cette rencontre, à titre de justice, pour toutes les marchandises avariées.

Chaque intéressé ayant, en pareille occasion, la liberté de dire son sentiment, je vous dis le mien et vous prie de le manifester où de besoin. Vous voudrez bien m'informer, dans son tems, de la manière dont l'affaire aura été définie.

Num. 129.

Lettre vingt-unième.

En réponse à vos deux lettres du 22 Novembre de l'année dernière, et du 14 Février de la présente, je vous confirme la réception des marchandises que vous m'avez expédiées, et du montant desquelles je vous ai crédité d'après votre facture. Je ne vous dissimulerai pas qu'au lieu des figues de Smyrne j'aurais préféré que vous m'eussiez envoyé de celles de Dalmatie, attendu que les premières ne sont pas fort recherchées, et que d'ailleurs elles sont peu propres à être vendues en détail.

Je vous ai écrit plusieurs fois de ne rien adresser pour mon compte à M. Haering. Je suis bien étonné que malgré ma défense vous continuez à faire là dessus comme auparavant.

Si vous n'avez pas occasion de m'expédier la marchandise en droiture; acheminez-là à M. Groeffe avec qui je suis en relation.

L'achat des 37 barils raisins secs que vous m'envoyâtes l'année dernière a été pour moi une bien mauvaise affaire. Sur 22 seulement, j'ai perdu plus de 250 Rixdalers. En vous les commettant je vous prescrivis de recommander à MM. Bergener d'Altona de faire assurer à tout risque; et en date du 30 Avril vous me répondites de l'avoir fait. Je vois maintenant, à mon grand regret, que vous n'avez suivi rien moins que mes ordres.

Ces raisins arriverent à Altona tellement avariés que MM. Bergener me conseillerent de les envoyer à Hambourg pour les faire vendre aux enchères.

Un conseille de cette sorte ne me surpris pas peu. Mais quel parti devais-je prendre? Si j'eusse tenté de les faire venir ici, je n'en aurais pas tiré certainement pour payer le nolis. Il ne me restait donc qu'à les faire envoyer à la dite place. Dans l'attestation ci-incluse vous en trouverez le compte de vente, auquel ajoutant les frais extraordinaires qu'il a fallu faire, vous trouverez une perte qui n'est pas peu conséquente.

Si vous désirez de voir ce compte je vous en remettrai l'original. Une chose que je vous prie de bien observer c'est que j'avais compté sur ces raisins, et qu'en étant privé j'ai le déplaisir de voir mes pratiques s'adresser ailleurs. Calculez d'après cela la perte que j'éprouve à ce sujet.

Comme toute la faute est de votre côté et qu'il n'y a aucunement de la mienne, vous devez supporter seul cette perte. Je ne le puis absolument moi-même, ayant surtout extrêmement souffert l'année dernière, de l'incendie que vous savez.

Dès que j'aurai reçu les autres 15 barils

je vous marquerai comment ils seront conditionnés; car je crains bien de ne pas les trouver en trop bon état.

Num. 130.

Réponse.

Avec votre lettre du 14 du mois dernier je reçus une attestation sur 22 barils raisins secs que je vous expédiai en date du 10 Avril de l'année dernière par le capitaine Fenukone, à l'adresse de MM. Bergener d'Altona. Ces amis, selon votre attestation, trouverent les barils tellement avariés que vous fûtes contraint de les faire envoyer à Hambourg pour qu'ils y fussent vendus aux enchères, et de souffrir une perte d'environ 250 Rixdalers. Je vois que vous voulez m'endosser cette perte, prétendant que je n'ai point donné ordre à MM. Bergener de soigner l'assurance.

Certainement je n'ai jamais eu l'idée d'être injuste ni de nuire par ma négligence à qui que ce soit. Je ne vous nierai donc pas qu'en date du 9 Février vous ne m'avez recommandé de comettre l'assurance à MM. Bergener, et la réponse que je vous fis moi-même le 30 Avril prouve que je rappellais fort bien votre ordre puisque je vous marquais qu'il serait exécuté sur le champ.

Jusqu'à présent il n'y a ni de votre faute

ni de la mienne en ce qui regarde la dite assurance. Le seul coupable est un de mes commis dont je suis toujours garant, et la justice exige qu'il paye la peine de sa négligence. Je dois, à la vérité, épouser ses interets et peser la faute avec les circonstances qui ont accompagné cette expédition. Pour mieux les examiner et les éclairoir il faut que vous me répondiez avec sincérité et précision sur les questions suivantes.

1) N'avez-vous jamais donné ordre à MM. Bergener de disposer des raisins secs? A quelle époque cet ordre a-t-il eu lieu? Ne leur avez-vous jamais demandé le compte d'assurance, et cela parce que le navire restait si long-tems de paraître?

2) Messieurs Bergener eux-mêmes n'ont-ils jamais sollicité vos ordres au sujet des dits raisins? En quel jour pareilles sollicitations ont-elles été faites? Au reste il est nécessaire:

3) Que vous me remettiez la preuve du sinistre et le réglement de l'avarie, et que vous m'expliquiez,

4) Pourquoi vous ne m'avisâtes pas de cette avarie immédiatement après l'arrivée du capitaine? Pourquoi vous ne suivîtes point cette règle du commerce? D'où put vous venir la faculté de disposer si librement de ma marchandise dès que vous ne la vouliez pas pour votre compte?

J'apprends avec plaisir que vous avez

reçu bien et duement conditionné les derniers effets qui vous ont été expédiés, et que, de conformité, vous m'avez donné crédit de la valeur. Comme le terme que je vous avais accordé est expiré, et que vraisemblablement vous aurez oublié de me faire remise du payement, je me suis prévalu sur vous de fl. 194-14 courants à l'ordre de M. Gräfe, à Uso. Vous voudrez bien faire honneur à ma traite.

Num. 131.

Réplique à la Réponse.

Dans votre lettre du 6 courant vous avouez que la négligence d'un de vos commis fut cause qu'on n'exécuta point l'ordre que vous aviez reçu de faire assurer les 37 barils raisins secs chargés sur capitaine Fenukone et que vous m'expédiâtes pour mon compte par Altona au mois d'Avril de l'année dernière. Cette circonstance amène pour vous et pour moi des conséquences qui nous coûtent cher.

Si la perte qui s'est ensuivie avait été occasionnée par ma faute, où si elle était moins importante qu'elle n'est, je n'aurais jamais pensé à en exiger de vous la réparation.

Mais il est incontestable que vous en êtes la première cause quand même on me trouverait quelque tort, puisque si mon ordre de faire assurer les effets expédiés eût été rempli dans son tems; il ne serait survenu aucun différend entre nous, et je me serais adressé tout simplement aux assureurs qui auraient été obligés de me payer sans la moindre contestation, la montant de la somme assurée; car j'ai toujours eu pour maxime de faire assurer à tout risque.

Etant depuis plus de 30 ans dans le commerce j'ai dû y acquérir quelqu'expérience; et vous pouvez bien croire que dans l'espace de 16 ans que je suis établi en cette ville, j'ai fait venir par mer des parties considerables de marchandises non seulement de chez vous, mais encore de presque toutes les autres places maritimes. Je puis vous dire pourtant avec vérité qu'il ne m'est jamais arrivé ce qui m'arrive aujourd'hui. Mais étant innocent dans cette affaire comme je le suis, pourquoi devrais-je en être la victime?

J'ignore en quel état se trouveront les 15 barils qui devaient rester tout l'hiver à Berlin et qui à peine sont en route pour ce pays-ci. Ayant été chargés sur le même capitaine que les 22 précédents, s'ils ne sont pas autant avariés, il y a toute apparence qu'ils le seront toujours un peu, à moins qu'ils n'aient été placés en un meilleur endroit dans le navire.

Messieurs Bergener d'Altona me marquèrent seulement, le 14 Septembre de l'année dernière, qu'ils exécuteraient l'ordre du 15 Août relativement aux 37 barils qu'avait pour mon compte le capitaine Fenukone qui venait enfin d'arriver chez eux; ce qu'ils firent réellement.

Il est probable que ces amis n'avaient examiné jusqu'alors que le dehors de la marchandise et des barils, puisque dans le commencement ils ne me dirent pas le mot qu'ils les eussent trouvés avariés par l'eau de la mer; et l'avarie ne fut découverte que quand ils eurent envoyé par mon ordre les 22 barils à MM. Fischer et Netze mes correspondants de Hambourg. Ceux-ci, comme vous savez, se sont justifiés suffisamment par l'attestation qu'ils ont produite sur l'état où ils ont trouvé la marchandise, et c'est aussi sur quoi je fonde mes raisons. Outre cela l'avarie est prouvée par le compte de vente dont je vous envoie copie, et si vous ne le croyez pas conforme à la vérité, je vous en remettrai, par première occasion, une copie de la main du notaire. Ce n'est que pour vous épargner des frais que je ne vous l'envoie pas à présent.

Au reste MM. Bergener me font assurer dans l'année beaucoup de marchandises; mais ordinairement ils ne me donnent le compte d'assurance qu'après m'avoir expédié les effets qui leur sont adressés pour moi. En preuve de ce que je dis je vous remets copie du compte des frais, lequel ne m'a été envoyé que le 7 Décembre de l'année dernière. Vous verrez qu'ils y ont passé même l'avarie ordinaire déjà payée. Vous n'y trouverez par l'avarie grosse, les 37 collis n'ayant pas été assurés.

Il arrive plus d'une fois que les vaisseaux restent dans le port tout chargés parce que le tems ne leur permet pas de partir, et très-souvent ils sont arrêtés dans leur route par les vents contraires. Cette raison jointe à la persuasion où j'étais d'après votre lettre du 30 Avril que, selon mon ordre, les marchandises avaient été assurés, ne me permit plus de me mettre en peine de rien. En conséquence je laissai les choses aller leur train, bien sûr que dans le tems MM. Bergener me donneraient le compte d'assurance, et qu'ils ne m'avaient pas fait cadeau de ce qu'ils avaient payé à ce sujet.

Quand le retard du navire m'aurait encore plus inquiété, tout cela ne m'aurait servi de rien, et j'aurais dû attendre patiemment l'arrivée du capitaine; d'autant plus que les dits amis d'Altona me marquerent en date du 19 Juin et du 21 Août de l'année dernière, qu'on ne le voyait point paraître. Je vous dirai encore que le malheur qui m'arriva, comme vous savez, au mois de Mai dernier, le dérangement qu'il fit naître dans mes affaires, et la bâtisse que j'entrepris peu après, m'empêcherent de donner toute l'attention que j'aurais pu employer, quoique de mon côté il n'y ait rien eu de négligé dans cette affaire.

N'ayant point reçu de montres des raisins secs je ne puis vous en envoyer aucune. Si absolument vous voulez voir le réglement de l'avarie, j'écrirai aux amis d'Altona de me le faire passer.

C'était à l'expéditionnaire et non à moi de vous informer de cette avarie; et jamais personne ne m'a recherché sur pareil objet depuis 30 ans que je fais le commerce.

D'ailleurs il n'est pas difficile de concevoir que plus une marchandise reste enfermé sans prendre l'air, plus elle est sujette à se gâter, surtout quand elle est avariée par l'eau salée; et qu'il faut s'en défaire au plûtot si l'on veut en sauver quelque chose et ne pas la laisser pourrir tout-à-fait. Par conséquent si après l'avis que je reçus je me fusse adressé à vous pour aviser aux moyens qu'il y avait à prendre, et en écrire ensuite aux amis de Hambourg, il se serait passé au moins cinq à six semaines, et la marchandise aurait soufferte encore plus, puisqu'on ne peut faire d'elle comme de tant d'autres qu'il suffit d'exposer à l'air et de faire sécher. Quand même la chose aurait été faisable, il aurait fallu un endroit trop spacieux pour tant de raisins secs, et le produit de la vente n'aurait pas seulement compensé les frais.

L'année dernière les raisins d'Espagne, dont j'avais commis 150 barils à Malaga, étaient si rares et si chers qu'on ne pouvait pas les avoir pour comptant. C'est pour cette raison que ma commission eut le sort de tant d'autres qui furent ou sans effet, ou contremandées. Ensuite voyant que chez vous les raisins de Smyrne étaient à des prix modérés, je vous en commis de 40 à 45 barils, et vous m'en expédiâtes 37. Lorsqu'ils parvinrent à Altona, leur prix se soutenait si bien à Hambourg en comparaison de deux d'Espagne, que je me déterminai à en vendre 22 barils pour en faire venir ensuite 50 de cette dernière qualité qui est ici toujours plus recherchée et qui se vend encore mieux que les autres. Mais je reçus avis, à mon grand regret, que les 22 barils ne valaient rien par les raisons qui m'étaient données dans l'attestation, et je fus contraint d'en passer par la vente dont vous avez vu le compte.

Je remets le tout a votre jugement; pesez bien chaque chose, et agizzez dans cette affaire d'après la justice et l'équité. Je m'en rapporte entièrement à votre décision, intimement convaincu que vous ne suivrez d'autre guide que la conscience, et que votre conduite vous fera honneur. De mon côté je me suis expliqué vis-à-vis de vous avec toute la droiture et la sincérité dont je suis capable, et bien loin d'avoir dessein de vous faire le moindre tort, je suis prêt à confirmer par serment tout ce que je vous ai dit.

Demandez à qui il vous plaira des informations sur mon compte; vous ne trouverez personne qui ne rendre justice à ma probité, et qui ne vous réponde que j'aime mieux souffrir une injustice que de la commettre.

S'il vous reste encore quelque chose à me dire, ne vous gênez pas; je serai toujours disposé à vous donner les explications que vous desirerez. Je vous demande seulement de ne former contre moi aucun soupçon désavantageux.

Comme vous voyez, je n'ai pas intention de ne participer aucunement à la perte résultée de cette affaire. On ne peut me supposer non plus la prétention de croire de n'avoir manqué en rien, quoiqu'il soit toujours constant que le premier tort vient de vous et que, selon toute justice, la peine doit y être proportionnée.

Après le malheur qui j'ai éprouvé, vous devez sentir combien il m'est fâcheux d'entrer dans cette perte. Mais faut-il bien prendre patience quand le mal est sans remède.

Je désire uniquement, pour nous épargner à l'un et à l'autre de nouveaux frais, qu'il ne soit pas besoin de chercher des juges hors de nous. Décidez donc vous-même, et dites-moi ce que vous entendez faire. Quant à moi je me prêterai à tout pour le bien de la paix, et pour entretenir l'harmonie et l'amitié qu'on a toujours vu regner entre nous. Je différe à cet effet, d'accepter votre traite de

fl. 194 - 14 à l'ordre de M. Gräfe jusqu'à la réception de votre réponse et d'une proposition raisonnable d'accommodement, telle que celle que je vous ai faite. Je suis en attendant ec.

Num. 132.

Lettre décisive.

Dans ma lettre du 6 Avril de cette année je vous avouai ma faute avec cette franchise qui caractérise l'honnête homme, ou pour mieux dire je vous marquai ingénument le tort de mon commis dont je me rendais toutefois garant, et je vous déclarai qu'il porterait la peine de son imprudence, si après un mûr examen il était reconnu coupable. Je vous fis en même tems les questions suivantes:

1) Si vous aviez donné ordre à MM. Bergener de disposer des raisins secs? En quel tems cet ordre avait eu lieu; et si vous n'aviez jamais demandé le compte d'assurance voyant que le capitaine tardait tant à paraître.

2) Si ces amis ne vous avaient jamais demandé vos ordres par rapport aux dits raisins, et à quelle époque ils vous avaient fait pareille demande. Je vous marquais qu'il était nécessaire.

3) Que vous m'envoyassiez la preuve du sinistre et le reglément de l'avarie.

4) Que vous deviez justifier les motifs qui vous avaient porté à ne point m'aviser de l'avarie immédiatement après l'arrivée du capitaine, vous étant surtout determiné à ne pas garder la marchandise pour votre compte.

Dans votre lettre du 21 du même mois vous répondez à ces différents chefs.

Premièrement : que vous ne donnâtes vos ordres à MM. Bergener que les 15 Août 1792, et il est probable que vous ne vous informâtes pas d'eux s'ils avaient soigné l'assurance ou non. Après cela vous avancez d'un côté : que le dérangement que fit naître dans vos affaires l'incendie que vous essuyâtes, et la bâtisse que vous entreprîtes peu de tems après, ne vous avaient pas permis de donner à cette affaire toute l'attention que vous auriez pu y apporter. Ensuite vous me dites de l'autre : que MM. Bergener vous font assurer ordinairement la majeure partie de vos marchandises ; et par le compte du nolis qu'ils vous envoyerent seulement le 7 Décembre, vous me faites voir que ce n'est qu'après l'acheminement des dites, qu'ils vous remettent les comptes d'assurance, du nolis et autres frais, pour vous en faire passer écriture.

Secondement : que MM. Bergener vous avaient écrit en date du 19 Juin et 21 Août 1792 que le capitaine Fenukone n'avait pas encore paru, et sans demander non plus : si les effets étaient assurés ou non, et ce qu'il faillait en faire. Qu'ensuite ils vous répondirent en date du 14 Septembre que le capitaine était arrivé et qu'ils avaient exécuté vos ordres. Vous ajoutez encore : Il est probable que ces amis n'avaient jusqu'alors examiné que le dehors de la marchandise et des barils, puisque dans le principe ils ne me dirent pas le mot qu'ils les eussent trouvés avariés par l'eau de la mer ; et l'avarie ne fut découverte que quand les 22 barils eurent été envoyés par mon ordre à MM. Fischer et Netze mes correspondants de Hambourg ec.

Troisièmement, et quatrièmement : qu'on ne peut compter l'avarie parce que la marchandise n'était point assurée, et que si j'eusse voulu insister sur ce point, vous en auriez écrit aux amis d'Altona, à cause que c'était à l'expéditionaire de vous donner avis de cette avarie. Vous ajoutez que vous n'avez jamais été recherché sur un objet de cette sorte, et que vous sentiez qu'il ne fallait pas laisser passer cinq à six semaines à écrire des lettres, de crainte que l'état de la marchandise, qui avait déjà tant soufferte, ne devint encore pire.

Vous passez sous silence la preuve du

sinistre; mais je vois bien que vous prenez les devans en me parlant de l'avarie ordinaire qui ne peut entrer ici en aucune façon, étant comprise avec le nolis dans le connaissement pour être payée avec celui-là au capitaine par tous les consignateurs de marchandises sans exception.

Enfin vous me faites juges de cette affaire où vous reconnaissez, comme moi, avoir des torts; et vous voulez que je décide d'après la raison, me certifiant que vous vous vous en tiendrez à mon jugement.

Eh bien! j'accepte la proposition, et je vous promets le plus solemnellement que je puis de développer selon mes lumières et ma conscience toutes les fautes qui se sont commises en cette occasion, et de prononcer dans l'impartialité la plus stricte.

Le fait; tel qu'il a paru par la correspondance, prouve:

a) Que le commissionaire a eu tort de n'avoir pas suivi l'ordre précis que le commettant lui donna ensemble avec la commission par sa lettre du 12 Mars 1792. Cet ordre portait qu'il eût à faire soigner l'assurance par l'expéditionaire.

b) Que le commettant a aussi mal fait comme propriétaire de la marchandise, de n'avoir donné ses ordres à l'expéditionaire que le 15 Août suivant, sans daigner lui demander si les effets étaient assurés.

c) Finalement que l'expéditionaire comme chargé de soigner toutes les assurances s'est rendu coupable à son tour d'une négligence impardonnable pour ne s'être pas informé du commettant si l'assurance était faite ou non; d'autant plus que celui-ci lui manda en date du 19 Juin et du 21 Août qu'on ne voyait pas encore paraître le capitaine Fenukone.

Or quoique les trois parties aient manqué aux régles, et que, soit de propos déliberé, soit involontairement elles se soient écartées des voies de la prudence sur laquelle est fondé toute liaison paisible et durable, il faut avouer néanmoins que le commissionaire est le plus coupable, et que sans qu'on eût égard aux torts du commettant et de l'expéditionaire, il devrait être tenu, en toute rigueur, de reparer lui seul la perte, déduction faite de la seule prime d'assurance qui lui revient, si

d) lorsqu'on déchargeait le navire, l'expéditionaire eût fait son devoir en faisant conster juridiquement de l'avarie occasionnée par l'eau de la mer aux 22 barils raisins secs et en protestant contr'elle, et si après cela il en eût donné avis aux commettant, lui remettant, pour sa régle, toutes les pièces nécessaires, comme l'exigeait le bon ordre.

Mais comme l'expéditionaire ne parla au commettant, d'avarie et de preuve de sinistre, ni dans sa lettre du 14 Septembre où il disait : qu'il allait exécuter les ordres reçus, le capitaine étant arrivé, ni dans celle du 7 Décembre laquelle portait au commettant le compte du nolis et autres frais pour qu'il les passât de conformité ; on doit en conclure que le capitaine Fenukone n'a éprouvé aucun contre-tems, que l'avarie grosse n'a pas eu lieu, et que les 22 barils raisins secs ont été débarqués bien conditionnés. Je dis bien conditionnés puisqu'on ne s'apperçut pas au dehors qu'ils eussent été mouillés, et s'ils l'avaient été réellement, on y aurait vu des tâches. Car il ne peut en être autrement toutes les fois qu'une futaille a été placée en un endroit humide ou qu'elle a resté seulement demi-heure dans l'eau salée.

Comme l'avarie grosse et le sinistre ne peuvent être prouvés, l'expéditionaire n'ayant point donné avis que la marchandise avait été débarquée avarié, bien plus l'ayant reçue lui-même à Altona comme bien conditionnée et l'ayant expédiée en cet état à Hambourg ; le commissionaire, qui est lui-même l'assureur, n'est tenu à aucune réparation vis-à-vis du commettant pour n'avoir pas soigné l'assurance depuis Trieste jusqu'à Altona, puisqu'il ne doit supporter le risque que jusqu'à cette dernière place. Le commettant doit lui payer, au contraire, la prime d'assurance, la provision de la somme assurée, et les frais.

Après tout l'expéditionaire est celui qui doit tenir compte de la perte au commettant puisqu'une fois prouvé que les 22 barils furent déchargés avariés à Altona, il était de son devoir de faire les formalités d'usage contre le capitaine Fennkone qui n'avait prouvé ni sinistre ni avarie, et de faire constater si les barils avaient souffert du mauvais estivage ou de quelque négligence du capitaine.

Voilà tout ce que je trouve de juste et de convenable dans cette affaire. Un examen plus étendu n'est pas de ma compétence.

Le compte de vente de Hambourg et l'attestation de me regardent point, puisque je ne peux être considéré comme assureur que depuis Trieste jusqu'à Altona. Je vous les renvoie donc pour que vous en fassiez ce qu'il vous plaira.

Si MM. Bergener ont de l'honneur et de la probité ils ne feront pas, à coup-sûr, la moindre difficulté de vous dédommager de tout, pourvu que la chose soit telle que vous l'exposez; et s'ils ne veulent s'y prêter de bonne grace ils y seront forcés par voie juridique.

Je vous recommande, en attendant, de payer ma traite. Quoique je pusse, sans vous faire tort, exiger de vous la prime d'assurance, la commission ec., de la même manière que vous auriez pu prétendre de moi à la réparation de la perte, si l'on eût prouvé l'avarie avant que la marchandise eût été débarquée à Altona, ou en cas de quelqu'autre accident fâcheux; je ne veut point pousser mes prétentions, et je veux bien passer par dessus tout cela en considération des malheurs que vous avez éprouvés.

TABLE.

BIBLIOTHEQUE ROYALE

www.ingramcontent.com/pod-product-compliance
Ingram Content Group UK Ltd.
Pitfield, Milton Keynes, MK11 3LW, UK
UKHW021045200726
13857UKWH00003B/837

9 782013 492096